U0397908

机电一体化系列教材

数控铣削编程与加工

主　编　王丽君
副主编　林莅莅　周　利
主　审　黄志辉

苏州大学出版社

图书在版编目(CIP)数据

数控铣削编程与加工 / 王丽君主编. —苏州:苏州大学出版社, 2018. 12
机电一体化系列教材
ISBN 978-7-5672-2709-5

Ⅰ. ①数… Ⅱ. ①王… Ⅲ. ①数控机床—铣床—程序设计—教材②数控机床—铣床—金属切削—加工—教材 Ⅳ. ①TG547

中国版本图书馆 CIP 数据核字(2018)第 285451 号

数控铣削编程与加工
王丽君 主编
责任编辑 征 慧

苏州大学出版社出版发行
(地址:苏州市十梓街 1 号 邮编:215006)
苏州工业园区美柯乐制版印务有限责任公司
(地址:苏州工业园区东兴路 7-1 号 邮编:215021)

开本 787mm×1 092mm 1/16 印张 9 字数 197 千
2018 年 12 月第 1 版 2018 年 12 月第 1 次印刷
ISBN 978-7-5672-2709-5 定价:26.00 元

苏州大学版图书若有印装错误,本社负责调换
苏州大学出版社营销部 电话:0512-67481020
苏州大学出版社网址 http://www.sudapress.com
苏州大学出版社邮箱:sdcbs@suda.edu.cn

前言 Preface

“数控铣削编程与加工”课程是数控技术专业的核心课程，目标是让学生掌握数控铣床加工程序编制的基础知识和机床操作方法，初步具备数控铣床技术人员的基本素质和技能。本课程最初采用的教学方式是理论授课结束后再加五周的实践教学，但理论与实践分开的教学方式让学生对抽象的专业基础知识难以理解，于是随后调整为理实一体化的教学方式。为满足数控技术专业人才培养的需要，特编写此项目化教材《数控铣削编程与加工》。目的是让学生能更多地自主学习数控编程、练习机床操作，为更扎实地掌握数控机床的编程及操作提供帮助，并同时帮助学生顺利通过职业技能鉴定。

本项目化教材以“VC600 加工中心”为载体，让学生从“0”到“1”、从没有用过数控铣床到掌握数控铣床的操作，并达到国家职业标准数控铣工中级工的要求。项目内容贴近国家技能鉴定题库，教学场所设在实训基地加工中心实训区，让学生离设备最近，离教师最近，离所要学习的技能最近。

本项目化教材的编写团队由具有丰富实践教学经验及大型国企工作经验的专业教师组成，为教材的顺利完成提供了强有力的保障。

本项目化教材基于实训基地数控机床的型号，紧密结合学生的特点、企业的实际需求，具有以下特色：

（1）本项目化教材的编写采取以工作过程为中心的行动体系，以项目为载体，以工作任务为驱动，以学生为主体，真正做到了教、学、做一体化。

（2）本项目化教材的编写在内容安排和组织形式上突破了常规按章节顺序编写知识与训练内容的结构形式，以工程项目为主线，按项目教学的特点分三个部分组织教材内容,方便学生学习和训练。

(3) 本项目化教材的编写紧密结合数控铣工职业技能鉴定题库,案例由浅入深。实践操作部分根据现有设备的型号,配备大量的图片素材,对操作步骤进行详细描述,并录制了部分现场操作的视频作为课程的辅助教学素材。

限于编者水平有限,内容难免有不妥和错误之处,恳请读者提出宝贵意见,以便再版修订时改正。

编者

目录 Contents

第一篇　数控铣削基础

项目一　数控铣削编程基础

项目目标

- 了解数控编程的概念。
- 了解数控编程的内容与步骤。
- 了解数控编程的方法。
- 了解数控编程的程序格式。

相关知识

1. 数控编程的概念

把零件的加工工艺路线、工艺参数、刀具的运动轨迹、位移量、切削参数（主轴转速、进给量、切削深度等）以及辅助功能（换刀、主轴正反转、切削液开关等）按照数控机床规定的指令代码及程序格式编写成加工程序单，输入数控机床的控制装置中，从而控制机床加工零件，这一过程称为数控机床程序的编制。

2. 数控编程的内容和步骤

（1）数控编程的内容

数控编程的内容主要有：分析零件图样，确定加工工艺过程；数值计算；编写零件加工程序单；输入/传送程序；程序校验与首件试切。

（2）数控编程的步骤

数控编程的基本步骤如图 1-1-1 所示。

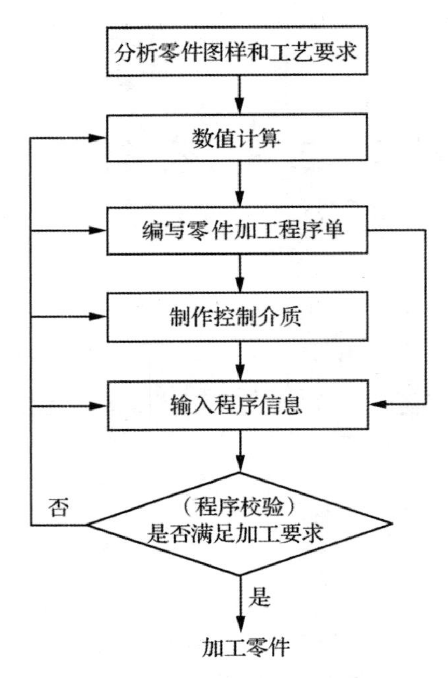

图 1-1-1　数控编程程序框图

3. 数控编程的方法

(1) 手工编程

1) 手工编程的意义

① 在各机械制造行业中，有大量仅由直线、圆弧等几何元素构成的形状并不复杂的零件需要加工。这些零件的数值计算较为简单，程序段数不多，程序检验也容易实现，因而可采用手工编程方式完成编程工作。

② 由于手工编程不需要特别配置专门的编程设备，不同文化程度的人均可掌握和运用，因此在国内外，手工编程仍然是一种运用十分普遍的编程方法。

2) 手工编程的不足

① 耗费时间较长，容易出现错误，无法胜任复杂形状零件的编程。

② 手工编程时，编程人员必须对所用机床和数控系统以及编程中所用到的各种指令和代码都非常熟悉。

(2) 自动编程

自动编程是指在编程过程中，除了分析零件图样和制订工艺方案由人工进行外，其余工作均由计算机辅助完成。

在航空、船舶、兵器、汽车、模具等制造业中，经常会有一些具有复杂形面的零件需要加工，有的零件形状虽不复杂，但加工程序很长。这些零件的数值计算、程序编写、程序校验相当复杂繁琐，工作量很大，采用手工编程是难以完成的。此时，应采用装有编程系统软件的计算机或专用编程机器完成这些零件的编程工作,称为自动编程。

4. 数控编程的程序格式

(1) 程序的结构

零件程序是用来描述零件加工过程的指令代码集合,它由程序名、程序内容和程序结束指令三部分组成。

例如,在一块平板上铣削正方形凸台的加工程序如下:

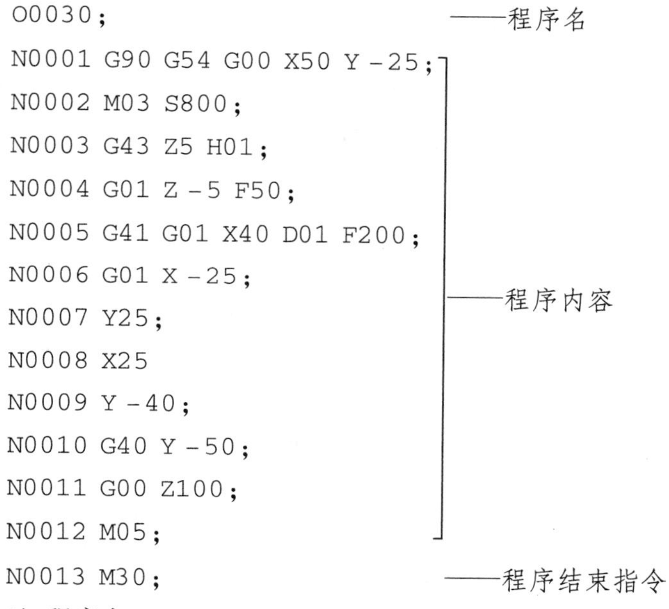

```
O0030;                                ——程序名
N0001 G90 G54 G00 X50 Y -25;
N0002 M03 S800;
N0003 G43 Z5 H01;
N0004 G01 Z -5 F50;
N0005 G41 G01 X40 D01 F200;
N0006 G01 X -25;
N0007 Y25;                            ——程序内容
N0008 X25
N0009 Y -40;
N0010 G40 Y -50;
N0011 G00 Z100;
N0012 M05;
N0013 M30;                            ——程序结束指令
```

1) 程序名

程序名为程序的开始部分。采用程序编号地址码区分存储器中的程序,不同的数控系统,程序号地址码可不相同。如 FANUC 系统用 O,AB8400 系统用 P,而西门子系统用%。编程时应根据说明书的规定使用,否则系统将不接受。例如,上例中的“O0030”是整个程序的程序号,也叫程序名,由地址码 O 和四位数字组成。每一个独立的程序都应有程序号,它可作为识别、调用该程序的标志。

2) 程序内容

程序内容由若干个程序段组成,每个程序段由一个或多个指令字构成,每个指令字由地址符和数字组成,它代表机床的一个位置或一个动作,每一个程序段结束用“;”号。

一个程序的最大长度取决于数控系统中零件程序存储区的容量。现代数控系统的存储区容量已足够大,一般情况下已足够使用。一个程序段的字符数也有一定的限制,如某些数控系统规定一个程序段的字符数≤90 个,一旦大于限定的字符数,则把它分成两个或多个程序段。

每个程序段以程序段号“N××××”开头,用“;”表示程序段结束(有的系统用 LF、

CR 等符号表示)。每个程序段中有若干个指令字,每个指令字表示一种功能,所以也称功能字。功能字的开头是英文字母,其后是数字,如 G90、G01、X100.0 等。一个程序段表示一个完整的加工工步或加工动作。

3)程序结束指令

以程序结束指令 M02 或 M30 作为整个程序结束的符号。

(2)程序段格式

程序段格式是指一个程序段中指令字的排列顺序和表达方式。在国际标准 ISO 69831—1982 和我国的 GB 8870—1988 标准中都做了具体规定。目前数控系统广泛采用的是字地址可变程序段格式。

字地址可变程序段格式由一系列指令字(或称功能字)组成,程序段的长短、指令字的数量都是可变的,指令字的排列顺序没有严格要求。各指令字可根据需要选用,不需要的指令字以及与上一程序段相同的续效指令字可以不写。这种格式的优点是程序简短、直观,可读性强,易于检验、修改。字地址程序段的一般格式如下:

N__ G__ X__ Y__ Z__ F__ S__ T__ M__ ;

其中:N 为程序段号字;G 为准备功能字;X、Y、Z 为坐标功能字;F 为进给速度功能字;S 为主轴转速功能字;T 为刀具功能字;M 为辅助功能字。

1)程序段号

程序段号位于程序段之首,由顺序号字 N 和后续数字组成。后续数字一般为 1 ~4 位的正整数。数控加工中的顺序号实际上是程序段的名称,与程序执行的先后次序无关。数控系统不是按程序段号的顺序来执行程序的,而是按程序段编写时的排列顺序逐段执行程序的。

程序段号的作用包括:对程序的校对和检索修改;作为条件转向的目标,即作为转向目的程序段的名称。有顺序号的程序段可以进行复归操作,这是指加工可以从程序的中间开始,或回到程序中断处开始。

2)准备功能

用来规定刀具和工件的相对运动轨迹、机床坐标系、坐标平面、刀具补偿和坐标偏置等多种加工操作的准备工作。

G 代码分为模态代码和非模态代码。模态代码表示该代码一经在一个程序中指定,直到出现同组的另一个代码时才失效;非模态代码表示只在写有该代码的程序中才有效,而且同组的任意两个代码不能同时出现在一个程序段中。国标中规定 G 代码由字母 G 及其后面的两位数字组成,从 G00 ~ G99 共有 100 种代码,常见 G 代码见表 1-1-1。

表 1-1-1　常见 G 代码

G 功能字	含　义	G 功能字	含　义
G00	快速移动点定位	G70	精加工循环
G01	直线插补	G71	外圆粗切循环
G02	顺时针圆弧插补	G72	端面粗切循环
G03	逆时针圆弧插补	G73	封闭切削循环
G04	暂停	G74	深孔钻循环
G05	–	G75	外径切槽循环
G17	*XOY* 平面选择	G76	复合螺纹切削循环
G18	*ZOX* 平面选择	G80	撤销固定循环
G19	*YOZ* 平面选择	G81	定点钻孔循环
G32	螺纹切削	G83	深孔钻往复循环
G33	螺纹切削	G90	绝对值编程
G40	刀具补偿注销	G91	增量值编程
G41	刀具补偿——左	G92	螺纹切削循环
G42	刀具补偿——右	G94	每分钟进给量
G43	刀具长度补偿——正	G95	每转进给量
G44	刀具长度补偿——负	G96	恒表面速度控制
G49	刀具长度补偿取消	G97	恒表面速度控制取消
G50	比例缩放取消	G98	固定循环返回到初始点
G54 ~ G59	加工坐标系设定	G99	固定循环返回到 *R* 点

3）坐标值

坐标值用于确定机床上刀具运动终点的坐标位置。多数数控系统可以用准备功能字来选择坐标值的制式，如 FANUC 诸系统可用 G21/G22 来选择米制单位或英制单位，采用米制时，一般单位为 mm。

4）进给速度功能

进给速度功能 F 又称为 F 功能或 F 指令，用于指定切削的进给速度。数控铣床一般用每分钟进给。例如，F150 表示进给速度为 150mm/min。

5）主轴转速功能

主轴转速功能 S 又称为 S 功能或 S 指令，用于指定主轴转速，单位为 r/min。例如，S300 表示主轴转速为 300r/min。

6）刀具功能

刀具功能 T 又称为 T 功能或 T 指令。在铣床中，T 后常跟两位数，用于表示刀具号，刀补号则用 H 或 D 代码表示。例如，T06 表示 6 号刀具。

7）辅助功能

辅助功能 M 又称为 M 功能或 M 指令,用于指定主轴的旋转方向、启动、停止,冷却液的开关,刀具的更换等各种辅助动作及其状态。M 指令由字母 M 及其后面的两位数字组成,从 M00 ~ M99 共有 100 种代码。这类指令与控制系统的插补运算无关,而根据加工时的机床操作的需要予以规定,也有相当一部分代码是不指定的。常见 M 代码见表 1-1-2。

表 1-1-2 常见 M 代码

M 功能字	含 义
M00	程序暂停
M01	计划暂停
M02	程序停止
M03	主轴顺时针旋转
M04	主轴逆时针旋转
M05	主轴旋转停止
M06	换刀
M07	2 号冷却液开
M08	1 号冷却液开
M09	冷却液关
M30	程序停止并返回开始处
M98	调用子程序
M99	从子程序返回

▶▶ 拓展练习

- 数控机床与普通机床加工的过程有什么区别?
- 简述手工编程和自动编程的区别以及适用场合。
- 简述数控铣削编程的内容与步骤。

项目二　数控铣床基础知识

▶▶ 项目目标

- 了解数控铣床的种类及组成。
- 了解数控铣床的特点。
- 了解数控铣床的应用场合。
- 了解数控铣床的安全操作规程。
- 了解数控铣床的日常维护及保养。

▶▶ 相关知识

1. 数控铣床

数控铣床是用计算机数字化信号控制的铣床。它把加工过程中所需的各种操作(如主轴变速、进刀与退刀、开车与停车、选择刀具、供给切削液等)、步骤以及刀具与工件之间的相对位移量都用数字化的代码表示,通过控制介质或数控面板等将数字信息送入专用或通用的计算机,由计算机对输入的信息进行处理与运算,发出各种指令来控制机床的伺服系统或其他执行机构,使机床自动加工出所需要的工件。如图 1-2-1 所示为立式数控铣床外形。

图 1-2-1　立式数控铣床外形

图 1-2-2　立式加工中心外形

加工中心:带刀库和自动换刀装置的数控镗铣床,如图 1-2-2 所示为立式加工中心外形。数控铣床(加工中心)上零件的加工过程如图 1-2-3 所示。

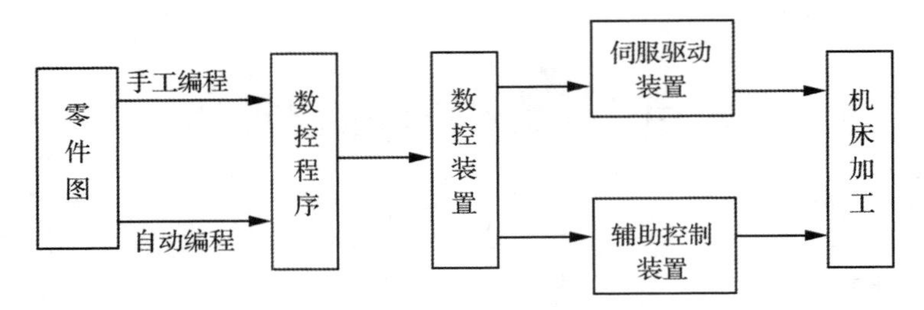

图 1-2-3 零件的加工过程

2. 数控铣床的种类

数控铣床有立式、卧式和龙门式三种。其中立式、卧式数控铣床应用较广。立式铣床主轴处于垂直位置，适宜加工高度方向尺寸相对较小的工件。卧式铣床主轴水平设置，结构比立式复杂，占地面积较大，价格较高，宜加工箱体类零件，如图 1-2-4 所示。龙门式铣床用于加工特大型零件。本书主要以立式铣床为例。

图 1-2-4 卧式铣床

目前常用的数控系统有 FANUC(法那克)数控系统、SIEMENS(西门子)数控系统、华中数控系统、广州数控系统、三菱数控系统等。每一种数控系统又有多种型号，如 FANUC(法那克)系统从 0i 到 23i；SIEMENS(西门子)系统从 SINUMERIK 802S、802C 到 802D、810D、840D 等。各种数控系统指令各不相同，同一系统不同型号，其数控指令也略有差别，使用时应以数控系统说明书指令为准。本书以 FANUC 0i 系统为例。

3. 数控铣床的组成

数控铣床一般由机床主机、控制部分、驱动部分、辅助部分等组成。立式数控铣床的组成如图 1-2-5 所示。

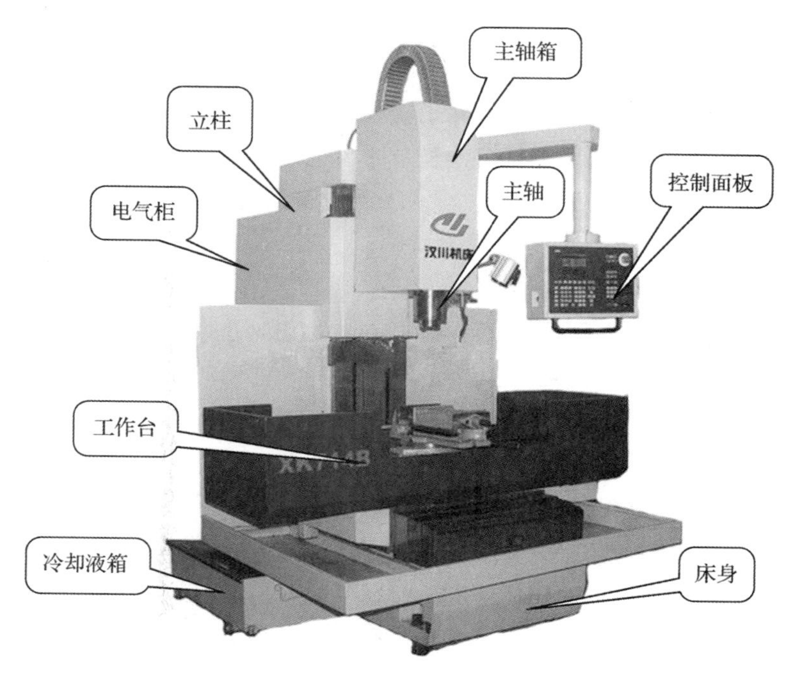

图 1-2-5　立式数控铣床的组成

机床主机——数控铣床机械本体，包括床身、床鞍、工作台、立柱、主轴箱、进给机构等。

控制部分——数控铣床的控制核心，由各种数控系统完成对数控铣床的控制。

驱动部分——数控铣床执行机构的驱动部件，包括主轴电动机和进给伺服电动机。

辅助部分——数控铣床的一些配套部件，包括液压装置、气动装置、冷却系统、润滑系统、自动清屑等。

4. 数控铣床的特点及应用场合

（1）数控铣床的特点

1）能加工形状复杂的零件

数控铣床（加工中心）因能实现多坐标联动，所以容易实现许多普通机床难以完成或无法加工的空间曲线、曲面的加工，如形状复杂的模具加工。

2）具有高度柔性

柔性即“灵活”“可变”，是相对“刚性”而言的。使用数控铣床，当加工的零件改变时，只需要重新编写（或修改）数控加工程序即可实现对新的零件的加工，不需要重新设计模具、夹具等工艺装备，对多品种、小批量零件的生产，适应性强、生产周期短。

3）加工精度高、质量稳定

数控铣床按照预定的加工程序自动加工工件，加工过程中消除了操作者人为的操作误差，能保证零件加工质量的一致性，还可以利用反馈系统进行校正及补偿加工精度，因此可以获得比机床本身精度还要高的加工精度及重复精度。

4）自动化程度高、工人劳动强度低

在数控铣床上加工零件时，操作者除了输入程序、装卸工件、对刀、关键工序的中间检测及观察机床运行之外，不需要进行其他复杂的手工操作，劳动强度和紧张程度均大为降低。此外，机床上一般都具有较好的安全防护、自动排屑、自动冷却等装置，操作者的劳动条件大为改善。

5）生产效率高

数控铣床结构刚性好，主轴转速高，可以进行大切削用量的强力切削。此外，机床移动部件的空行程运动速度快，加工时所需的切削时间和辅助时间均比普通机床少，生产率比普通机床一般高2~3倍；加工形状复杂的零件，生产效率可高达十几倍到几十倍。

6）经济效益高

使用数控机床加工零件时，分摊在每个零件上的设备费用较昂贵，但在单件、小批量生产情况下，可以节省许多其他方面的费用。例如，减少划线、调整检验时间而直接减少生产费用；节省工艺装备，减少装备费用等而获得良好的经济效益；因加工精度稳定，从而减少了废品率；数控机床还可实现一机多用，节省厂房、节省建厂投资；等等。

7）有利于生产管理的现代化

用数控铣床加工零件，能准确地计算零件的加工工时，并有效地简化了检验和工夹具、半成品的管理工作。其加工及操作均使用数字信息与标准代码输入，最适合与计算机联系，目前已成为计算机辅助设计、制造及管理一体化的基础。

（2）数控铣床的应用场合

① 多品种、小批量生产的零件。

② 结构比较复杂的零件。

③ 需要频繁改形的零件。

④ 价值昂贵、不允许报废的关键零件。

⑤ 设计制造周期短的急需零件。

⑥ 批量较大、精度要求较高的零件。

5. 数控铣床的安全操作规程

① 操作人员必须经过数控加工知识培训和操作安全教育，且需要在指导教师指导下进行操作；数控机床操作人员必须熟悉所使用机床的操作、编程方法，同时应具备相应金属切削加工知识和机械加工工艺知识。

② 开机前，检查各润滑点状况，待稳压器电压稳定后，打开主电源开关。

③ 检查电压、气压、油压是否正常。

④ 机床通电后，检查各开关、按键是否正常、灵活，机床有无异常现象。

⑤ 在确认主轴处于安全区域后，执行回零操作。各坐标轴手动回零时，如果回零前

某轴已在零点或接近零点，必须先将该轴移离零点一段距离后，再进行手动回零操作。

⑥ 手动进给和手动连续进给操作时，必须检查各种开关所选择的位置是否正确，认准操作正负方向，然后进行操作。

⑦ 程序输入后，应认真核对，保证无误，包括对代码、指令、地址、数值、正负号、小数点及语法的检查。

⑧ 正确测量和计算工件坐标系，将工件坐标值输入偏置页面，并对坐标轴、坐标值、正负号和小数点进行认真核对。

⑨ 刀具补偿值（刀长和刀具半径）输入偏置页面后要对刀补号、补偿值、正负号、小数点进行认真核对。

⑩ 操作者自编程序应进行模拟调试；计算机编程应进行切削仿真，并掌握编程设置。在必要情况下，应进行空运行试切，密切关注刀具切入和切出过程，及时做出判断和调整。

⑪ 在不装工件的情况下，空运行一次程序，看程序能否顺利执行，刀具长度选取和夹具安装是否合理，有无超程现象。

⑫ 检查各刀杆前后部位的形状和尺寸是否符合加工工艺要求，是否碰撞工件和夹具。

⑬ 不管是首件试切，还是多工件重复加工，第一件都必须对照图纸、工艺和刀具参数，进行逐把刀、逐段程序的试切。

⑭ 逐段试切时，快速倍率开关必须调到最低挡，并密切注意移动量的坐标值是否与程序相符。

⑮ 试切进刀时，在刀具运行至工件表面30～50mm处，必须在进给保持下，验证Z轴剩余坐标值及X、Y轴坐标值与编程要求是否一致。

⑯ 机床运行过程中操作者须密切注意系统状况，不得擅自离开控制台。

⑰ 关机前，移动机床各轴到中间位置或安全区域，按下急停按钮，关主电源开关，关稳压电源、气源等。

⑱ 在下课前应清理现场，擦净机床，关闭电源，并填好日志。

⑲ 严禁带电插拔通信接口，严禁擅自修改机床设置参数。

⑳ 当发生不能自行处理的设备故障时，应及时报告主管领导或指导教师，故障处理应在确保设备安全的前提下进行。

㉑ 不得在实习现场嬉戏、打闹以及进行任何与实习无关的活动。

6. 数控铣床的日常维护及保养

为使机床无故障工作和正确使用机床，应该对机床进行定期的检查与清洁工作。

（1）检查

根据机床的情况，应该对机床的工作台、坐标轴系统、铣头、气动系统、润滑系统、防护罩、冷却系统、刀库、标牌、电气设置等进行定期的检查。主要检查以上部分的某些点的状态、功能、润滑及清洁情况。根据检查情况应对机床某些需要润滑的部位及时添加润滑油、润滑脂，对需要清洁的部位及时进行清理。

在检查过程中如果观察到异常情况，应由专业维修人员或本公司的服务人员进行重新调整和维修。非专业维修人员，在任何情况下，都不要随意地改动、设置、调整值。

(2) 清洁

如表 1-2-1 所示为机床需要定期清理点及其清理时间（用户可根据机床的实际使用情况进行清理）。

表 1-2-1 数控机床定期清理表

检查清理点		备注	安装后	每日	每周	每月	每半年	每年
工作台	工作台表面	清除外来物		○				
	罩壳内部							○
坐标轴系统	移动部件	清除外来物		○				
	防护罩内部						○	
铣头	主轴锥面	清除外来物		○				
	罩壳内部							○
气动系统	过滤器壳体	排除积水	○	○				
	过滤器滤网	检查清洁程度					○	
润滑系统	过滤器	检查/清洗		○				
圆盘式刀库	移动部件	清除外来物		○				
	防护罩内部						○	
冷却系统	冷却箱内部	清洗			○			
	过滤器	检查/清洗			○			
	切屑盘内部	清除切屑		○				
	排屑器（每日）	手动操作		○				
	排屑器（每年）	拆洗						○

▶▶ 拓展练习

- 数控铣床由哪几个部分组成？
- 目前工厂中常用数控系统有哪些？
- 数控铣床加工的特点有哪些？
- 数控铣床用于什么场合？

- 试述数控铣床的安全操作规程。
- 数控铣床日常维护保养的内容有哪些?

项目三　数控铣床的基本操作

项目目标

1. 知识目标

- 了解常用数控键槽(立)铣刀的种类和用途。
- 了解数控刀柄、平口钳等工艺装备知识。
- 掌握数控机床坐标系知识。
- 了解 FANUC 0i 系统数控铣床的面板功能。
- 了解游标卡尺的使用方法。

2. 技能目标

- 掌握回参考点的操作技能。
- 掌握装夹工件、装拆数控刀具的方法。
- 掌握数控铣床手动(JOG)操作、MDI 操作技能。
- 掌握数控铣床对刀方法及检验方法(毛坯图见图 1-3-1,材料为硬铝)。

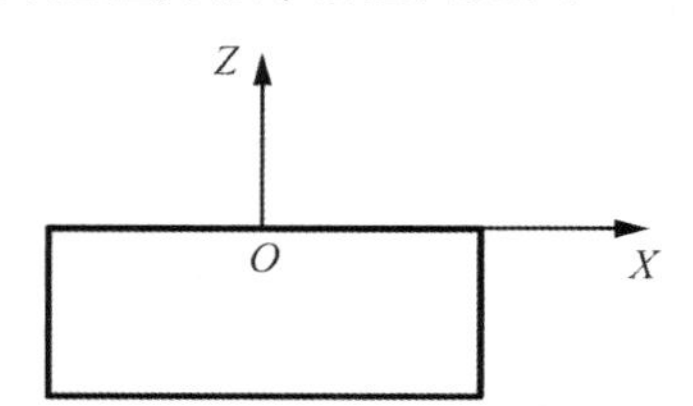

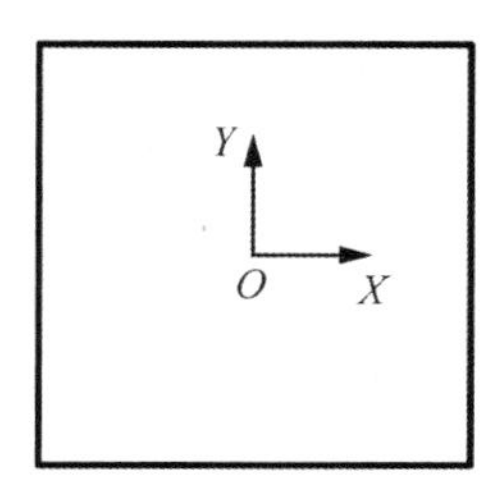

图 1-3-1　“对刀”练习毛坯图

▶▶ 相关知识

1. 键槽(立)铣刀

1) 键槽(立)铣刀的形状及用途

键槽(立)铣刀的形状及用途见表 1-3-1。

表 1-3-1 键槽(立)铣刀的形状及用途

铣刀种类	用 途	形 状
二齿键槽铣刀	粗铣轮廓、凹槽等表面,可沿垂直铣刀轴线方向进给加工(垂直下刀)	
立铣刀(3—5 齿)	精铣轮廓、凹槽等表面,一般不能沿垂直铣刀轴线方向进给加工	

2) 键槽(立)铣刀的材料及性能

键槽(立)铣刀的材料及性能见表 1-3-2。

表 1-3-2 键槽(立)铣刀的材料及性能

键槽(立)铣刀的材料	价 格	性 能
普通高速钢	价格低	切削速度低,刀具寿命低
特种性能高速钢(钴高速钢)	价格较高	切削速度较高,刀具寿命较高
硬质合金铣刀	价格高	切削速度高,刀具寿命高
涂层铣刀	价格更高	切削速度更高,刀具寿命更高

2. 数控铣刀刀柄、卸刀座、平口钳等装夹设备

(1) 数控铣刀刀柄

数控铣床使用的刀具通过刀柄与主轴相连,刀柄通过拉钉紧固在主轴上,由刀柄夹持铣刀传递转速、转矩。刀柄与主轴的配合锥面一般采用 7∶24 的锥度。工厂中应用最广的是 BT40 和 BT50 系列刀柄和拉钉。

1) 弹簧夹头刀柄、卡簧及拉钉

弹簧夹头刀柄、卡簧及拉钉如图 1-3-2 所示。弹簧夹头刀柄用于装夹各种直柄立铣刀、键槽铣刀、直柄麻花钻等。卡簧装入数控刀柄前端夹持数控铣刀;拉钉拧紧在数控刀柄尾部的螺纹孔中,用于拉紧在主轴上。

(a) 弹簧夹头刀柄

(b) 卡簧

(c) 拉钉

图 1-3-2　弹簧夹头刀柄、卡簧及拉钉

2）莫氏锥度刀柄

莫氏锥度刀柄如图 1-3-3 所示。莫氏锥度刀柄有莫氏锥度 2 号、3 号、4 号等，可装夹相应的莫氏钻夹头、立铣刀、攻螺纹夹头等。如图 1-3-3(a)所示为带扁尾莫氏圆锥孔刀柄，图 1-3-3(b)所示为无扁尾莫氏锥孔刀柄。

(a) 带扁尾莫氏圆锥孔刀柄

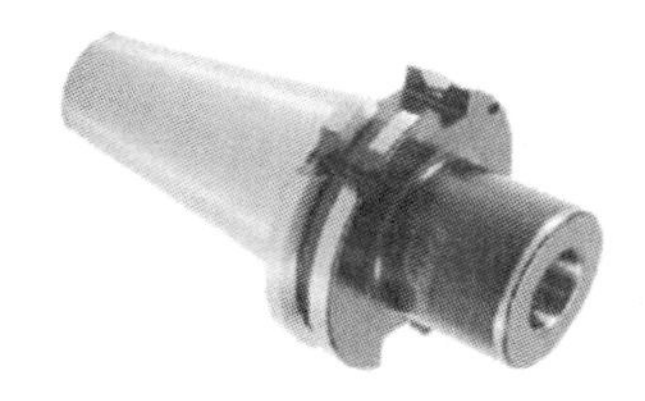

(b) 无扁尾莫氏锥孔刀柄

图 1-3-3　莫氏锥度刀柄

(2) 卸刀座

卸刀座是用于铣刀从铣刀柄上装卸的装置，如图 1-3-4 所示。

(3) 平口钳

平口钳(图 1-3-5)用于装夹工件，并用螺钉固定在铣床工作台上。

图 1-3-4　卸刀座

图 1-3-5　平口钳

3. 数控铣床坐标系

(1) 机床坐标系

为了确定机床的运动方向和移动距离，需在机床上建立一个坐标系，该坐标系就叫机床坐标系，也叫标准坐标系。

对数控机床的坐标和方向的命名国际上很早就制定有统一标准,我国于 1982 年制定了 JB 3051—1982《数字控制机床坐标和运动方向的命名》的标准。

1)机床相对运动的规定

在机床上,我们始终认为工件静止,而刀具是运动的。

2)机床坐标系的规定

标准机床坐标系中 *X*、*Y*、*Z* 坐标轴的相互关系用右手笛卡尔直角坐标系决定,如图 1-3-6 所示。右手的大拇指、食指和中指保持相互垂直,拇指的指向为 *X* 轴的正方向,食指的指向为 *Y* 轴的正方向,中指的指向为 *Z* 轴的正方向。

3)运动方向的规定

增大刀具与工件距离的方向即为各坐标轴的正方向。

数控机床上的坐标系采用右手直角笛卡尔坐标系,围绕 *X*、*Y*、*Z* 轴旋转的圆周进给坐标轴分别用 *A*、*B*、*C* 表示,根据右手螺旋定则,如图 1-3-7 所示,以大拇指指向 +*X*、+*Y*、+*Z* 方向,则食指、中指等的指向就是圆周进给运动的 +*A*、+*B*、+*C* 方向。

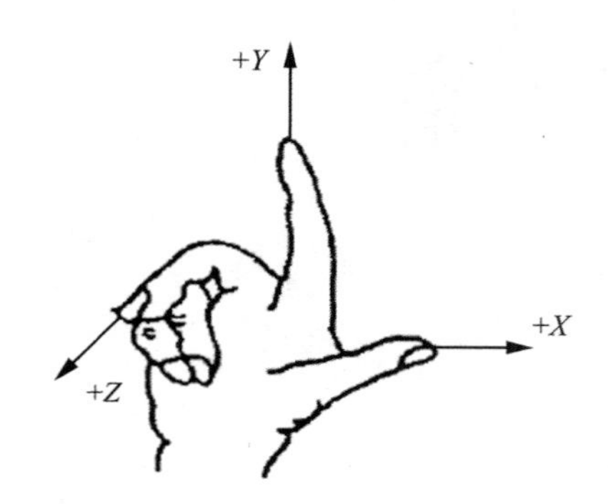

图 1-3-6　右手笛卡尔直角坐标系

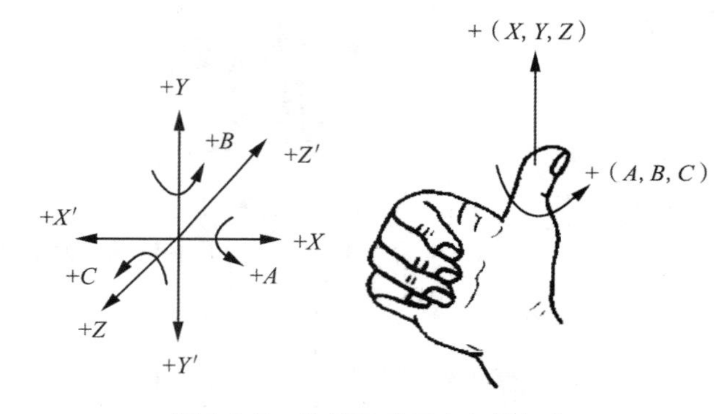

图 1-3-7　旋转运动正方向的规定

(2)工件坐标系

1)工件原点与工件坐标系

零件图给出后,首先应找出图样上的设计基准点,其他各项尺寸均是以此尺寸为基准进行的,该点称为工件原点(编程原点);以工件原点与坐标原点建立的一个 *X* 轴、*Y* 轴与 *Z* 轴的坐标系,称为工件坐标系。

2)工件坐标系的选择原则

① 要尽量满足编程简单、尺寸换算少、引起的加工误差小等条件,一般情况下以坐标式尺寸标注的零件,编程原点应选在尺寸标注的基准点。

② 对称零件或以同心圆为主的零件,编程原点应选在对称中心线或圆心上。

③ *Z* 轴的程序原点通常选在工件的上表面。

工件坐标系一旦建立便一直有效,直到被新的工件坐标系取代。

(3) **机床原点与机床参考点**

1）机床原点

机床原点即数控机床坐标系的原点，又称机床零点，是数控机床上设置的一个固定点，它在机床装配、调试时就已设置好，一般情况下不允许用户进行更改。数控机床原点又是数控机床进行加工运动的基准参考点，一般设置在刀具远离工件的极限位置，即各坐标轴正方向的极限点处，如图 1-3-8 所示。

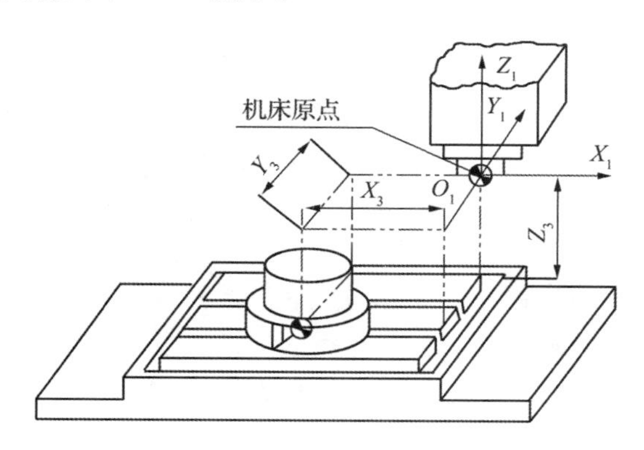

图 1-3-8　铣床的机床原点

2）机床参考点

机床参考点在出厂时已调好，并将数据输入数控系统中。对于大多数数控机床，开机时必须首先进行刀架返回机床参考点操作，以确认机床参考点。回参考点的目的就是建立数控机床坐标系，并确定机床坐标系的原点。只有机床回参考点以后，机床坐标系才建立起来，刀具移动才有了依据，否则不仅加工无基准，而且还会发生碰撞等事故。机床参考点位置在机床原点处，故回机床参考点操作可以称为回机床零点操作，简称“回零”。

通常在数控铣床上机床原点和机床参考点是重合的，而在数控车床上机床参考点是离机床原点最远的极限点，如图 1-3-9 所示为数控车床的参考点与机床原点。

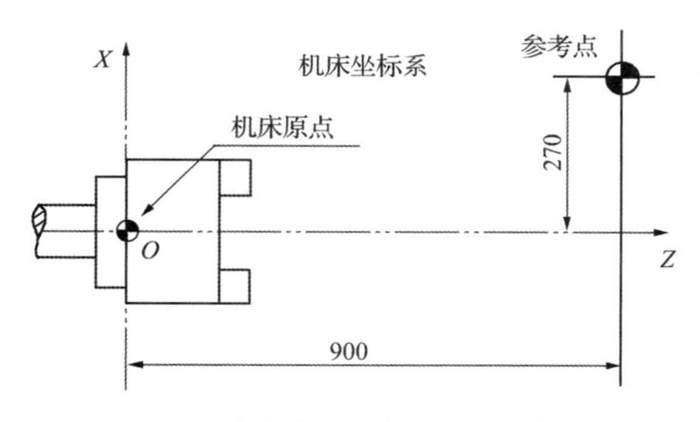

图 1-3-9　数控车床的参考点与机床原点

4. FANUC 0i 系统数控铣床的面板功能

(1) CRT/MDI 数控操作面板

如图 1-3-10 所示为 FANUC 0i 数控操作面板。

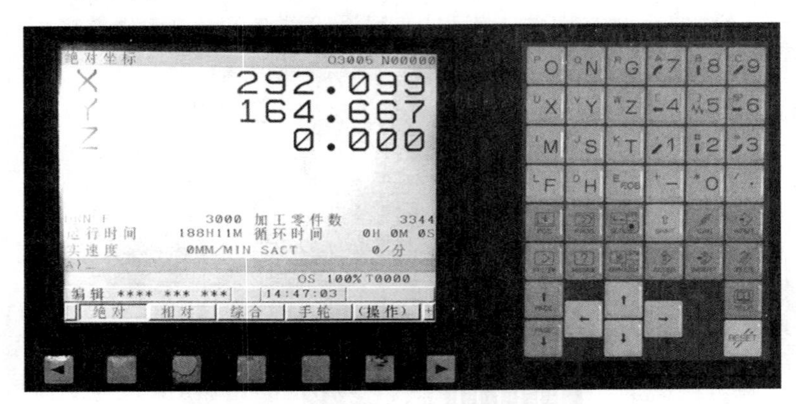

图 1-3-10 FANUC 0i 数控操作面板

各键的符号及用途见表 1-3-3。

表 1-3-3 FANUC 0i 系统面板功能介绍

MDI 软键	图 标	功 能
数字/字母		“数字/字母”软键用于输入数据到输入区域,系统自动判别取字母还是取数字。“数字/字母”软键通过 SHIFT (上挡)键切换输入
光标移动		移动 CRT 中的光标位置。↑软键实现光标的向上移动;↓软键实现光标的向下移动;←软键实现光标的向左移动;→软键实现光标的向右移动
替换	ALTER	用输入的数据替换光标所在的数据
删除	DELETE	删除光标所在的数据、一个程序或全部程序
插入	INSERT	把输入区中的数据插入当前光标之后的位置
取消	CAN	消除输入区内的数据

续表

MDI 软键	图　标	功　能
回车换行	E EOB	结束一行程序的输入并且换行
上挡	⇧ SHIFT	输入字符切换键
程序显示	PROG	程序显示与编辑页面
位置显示	POS	位置显示有三种方式,用 PAGE 按钮切换
参数输入	OFS SET	按一次进入坐标系设置页面,按两次进入刀具补偿参数页面。进入不同的页面以后,用 PAGE 按钮切换
系统参数	SYSTEM	机床参数设置
信息页面	MESSAGE	如"报警"信息等
图形参数设置	CSTM GRPH	在自动运行状态下将数控显示切换至轨迹模式
系统帮助	HELP	机床系统帮助
翻页(PAGE)	↑ PAGE	向上翻页
	PAGE ↓	向下翻页
输入	INPUT	把输入区内的数据输入参数页面
复位	RESET	机床复位

(2) 机床操作面板(以南通机床厂 FANUC 0i 操作面板为例)

机床操作面板如图 1-3-11 所示,由模式选择旋钮、数控程序运行控制开关等多个部分组成,每一部分的详细说明见表 1-3-4。

图 1-3-11　南通机床厂 FANUC 0i 操作面板

表 1-3-4　操作面板功能说明

按钮	名　称	功 能 说 明
单步	单步	此按钮被按下后,运行程序时每次执行一条数控指令
跳步	跳步	此按钮被按下后,数控程序中的注释符号“/”有效
Z轴锁定	Z 轴锁定	锁定 Z 轴
机床锁定	机床锁定	锁定机床
选择停	选择停	单击该按钮,“M01”代码有效
空运行	空运行	单击该按钮,将进入空运行状态
程序重启	程序重启	由于刀具破损等原因自动停止后,程序可以从指定的程序段开始
冷却	切削液开关	按下此键,切削液开

续表

按钮	名 称	功 能 说 明
	程序启动	程序运行开始;系统处于“自动运行”或“MDI”位置时按下有效,其余模式下使用无效
	进给保持	程序运行暂停,在程序运行过程中,按下此按钮运行暂停
	主轴转速修调	调节主轴速度,调节范围从50%~120%
	进给倍率修调	调节进给速度,调节范围从0~150%
	快速倍率	有F0、25、50、100四个速度
	手动轴选择	X、Y、Z轴方向手动进给键
	编辑	在编辑方式中,可以调用、编辑程序,程序将自动储存
	自动	在自动方式中,可以使机床运行CNC中已选择的程序
	MDI	在MDI方式中,可以通过MDI面板输入程序段并执行。程序执行结束后,所输入的程序段被清空
	手动	在手动方式中,持续按下手动方向选择按钮,可使所选轴按所选的方向连续运动
	手轮	在手轮方式中,可以通过旋转手摇脉冲发生器移动机床各进给轴
	快速	在快速方式中,持续按下手动方向选择按钮,可使所选轴按所选的方向连续快速运动
	回零	在回零方式中,选择回零轴,再按下手动正向进给按钮(+),可使所选轴回第一参考点
	DNC	在DNC方式中,机床可以和外部设备进行通信,执行存储在外部设备中的程序
	示教	在此方式下,可以通过手轮移动各个进给轴到所需位置并生成相应程序
	急停	按下“急停”按钮,使机床移动立即停止,并且所有的输出如主轴的转动等都会关闭,旋转可释放

续表

按钮	名　称	功 能 说 明
	手动正、反方向运行	在手动方式下控制进给轴的正、反方向进给
	主轴控制	手动模式下按此键，从左至右分别为正转、停止、反转
	控制器通电	机床电源接通后按下控制器通电
	控制器断电	机床电源接通后按下控制器断电
	机床准备	控制器通电后按下“机床准备”按钮
	程序保护	置于“ON”位置，可编辑程序

5. 数控铣床的基本操作

（1）开机、回零操作

1）开机操作步骤

将总电源打开，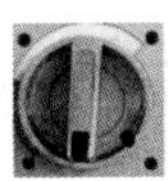旋钮转至“ON”；机床控制器通电，按下

按钮；向右旋转松开急停按钮，待润滑到位即

灯灭后，按下“机床准备”按钮

，即完成开机操作。

2）回零操作步骤

① 手动模式下，X、Y、Z 三个轴负向移动一段距离。

② 回零模式下，先回 Z 轴，先按

中的“Z”键，再按

中

的“+”;然后按相同的步骤将 X、Y 轴回零。回零后，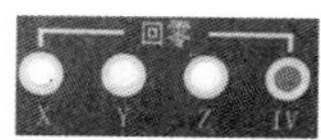

中三个坐标轴回零灯亮;机械坐标值都为0,即

。

(2) 工件装夹、刀具装卸

1) 工件装夹

① 将0~150mm平口钳放置在铣床(加工中心)工作台上,并用T形螺钉将其固定在工作台上,校正平口钳位置的操作步骤如下:松开平口钳旋转部位螺钉,将百分表座固定在机床主轴上,百分表测量头接触平口钳钳口,手动沿 X 方向往复移动工作台,观察百分表指针,校正钳口对 X 轴方向的平行度,百分表指针变化范围不超过0.03mm,拧紧旋转部位螺钉。

② 将工件装夹在平口钳上,下用垫铁支承,使工件高于钳口10mm左右,工件放置平稳并夹紧。

2) 刀具装卸

选 ϕ10mm键槽铣刀(或立铣刀)、8~10mm弹簧夹头,把刀柄放置在卸刀座上,通过弹簧夹头把键槽铣刀(或立铣刀)装夹到铣刀刀柄中并夹紧,再把刀柄装夹到机床主轴中。加工结束,把刀柄从铣床主轴上卸下,再放到卸刀座上,拆下铣刀及弹簧夹头。

(3) 数控铣床手动(JOG)操作、MDI操作

1) 手动(JOG)操作

① 坐标轴控制。

方式选择在“手动”模式下,先按 X、Y、Z 坐标轴

选择键,再按

方向键可以移动各坐标轴,移动速度由进给旋钮
控制。如果要快速移动各坐标轴,要将方式选择在“快速”模式下,速度由快速倍率 F0 25 50 100 控制。方式选择在“手轮”模式下,可实现用手持操作器控制各坐标轴增量移动,增量值大小由手持操作器中步距按钮控制。

② 主轴控制。

方式选择在“手动”模式下,按

键,主轴正转;按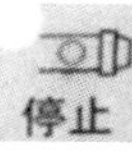

键,主轴停止;按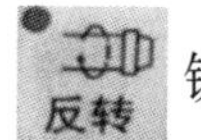

键,主轴反转。

2) MDI操作

FANUC系统(MDI)手动输入操作的步骤如下:

① 方式选择旋至“MDI”方式,按下

程序键。

② 屏幕显示如图 1-3-12 所示，自动出现加工程序名“O0000”。

③ 输入测试程序，如“M03 S500”。

④ 按程序启动键 

，运行测试程序。

⑤ 如遇 M2 或 M30 指令，则停止运行或按复位键结束运行。

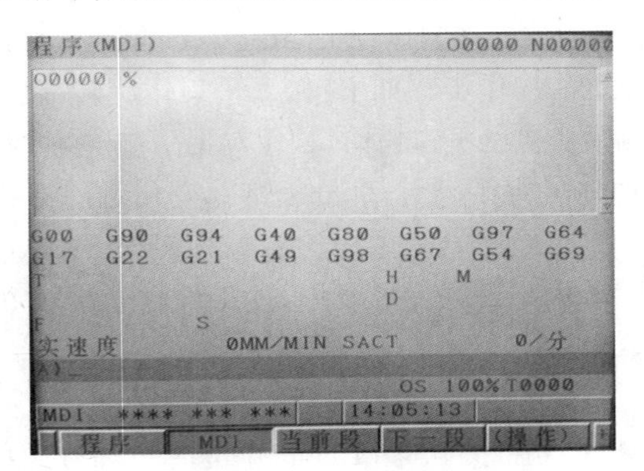

图 1-3-12 MDI 界面

> **说明**：MDI 手动输入程序不能被存储，即程序执行完毕后，程序自动被删除。

(4) 数控仿真系统程序输入、图形模拟

1) 手工输入一个新程序的方法

① 将方式选择选到“编辑”模式  ，系统处于编辑模式。

② 按面板上的程序键 

，显示程序画面。

③ 用字母和数字键输入程序号。例如，输入程序号“O0001”。

④ 按系统面板上的“插入”键 

。

⑤ 按“输入分号”键 E EOB ，输入分号“;”。

⑥ 按系统面板上的“插入”键 INSERT 。

⑦ 这时程序屏幕上显示新建立的程序名，接下来可以输入程序内容。

在输入到一行程序的结尾时，按输入分号键 E EOB 生成“;”，再按“插入”键 

。这样程序会自动换行，光标出现在下一行的开头。

2）程序模拟

将光标移动至程序名处

，方式选择选到“自动”模式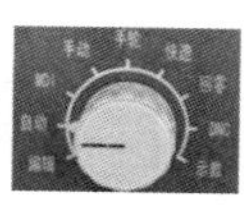，然后单击图形模拟键

，将机床锁定、*Z* 轴锁定、空运行三个键均按下，最后单击程序启动键

。在 CRT 界面上就能看见刀具路径图。

（5）数控铣床对刀方法及检验方法

按照要求将 50mm×50mm×20mm 的毛坯料装夹在平口钳上，工件露出钳口 10mm，放平且夹紧。然后再装一把 ϕ10 键槽铣刀连同刀柄装入铣床主轴。

1）对刀操作

使用 G54、G55～G59 等零点偏置指令，将机床坐标系原点偏置到工件坐标系零点上。本次对刀，工件坐标系在工件中心上表面处（图 1-3-1），通过对刀将偏置距离测出并存储到 G54 中，步骤如下：

① 在 MDI 模式下输入 M03 S500 指令，按

程序启动键，使主轴转动。

② *X* 轴对刀。手动（JOG）模式下移动刀具，让刀具刚好接触工件右侧面，*Z* 方向提起刀具，进行面板操作，操作步骤如下：

a. 按“参数”键，出现如图 1-3-13 所示的画面。

b. 按“坐标系”软键，出现如图 1-3-14 所示的画面。

c. 将光标移至 G54 的 *X* 轴数据。

d. 输入刀具在工件坐标系的 *X* 坐标值，此处为 X30，按“测量”软键，完成 *X* 轴的对刀。

图 1-3-13　参数设置界面

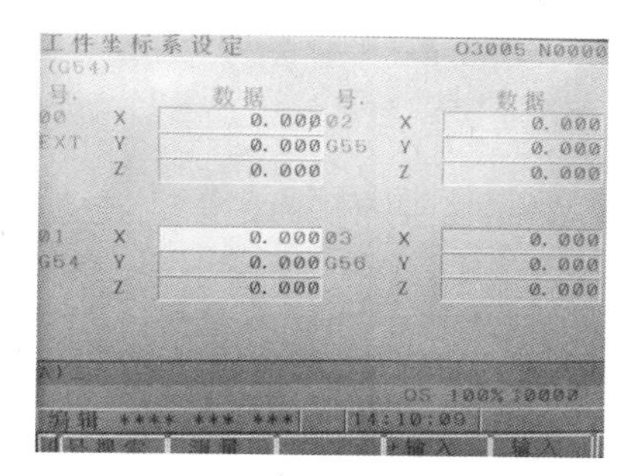

图 1-3-14　工件坐标系设定界面

③ *Y* 轴对刀。手动（JOG）模式下刀偏移动刀具，使其刚好接触工件前侧面，*Z* 方向提起刀具，进行面板操作，操作步骤如下：

a. 按“参数”键 ，出现如图 1-3-13 所示的画面。

b. 按“坐标系”软键，出现如图 1-3-14 所示的画面。

c. 将光标移至 G54 的 *Y* 轴数据。

d. 输入刀具在工件坐标系的 *Y* 坐标值，此处为 Y－30，按“测量”软键，完成 *Y* 轴的对刀。

④ *Z* 向对刀。手动（JOG）模式下移动刀具，使刀具刚好接触工件上表面，进行面板操作，操作步骤如下：

a. 按“参数”键 ，出现如图 1-3-13 所示的画面。

b. 将光标移至番号 1 行、（形状）H 列，将此时的机械坐标 *Z* 值输入此处。

c. *Z* 方向提起刀具，完成对刀。

2）“对刀”检测

① 将方式选择旋至 MDI（手动输入）工作模式。

② 按下“程序”键 。

③ 输入测试程序“G90 G54 G00 X0 Y0；G43 Z100 H01；”。

④ 按“程序启动”键 ，运行测试程序。

⑤ 程序运行结束后，观察刀具是否处于工件中心上方 100mm 处，若处于该位置，则对刀正确；若不处于该位置，则对刀操作不正确，需查找原因，重新对刀。

6. 游标卡尺的使用方法

游标卡尺是利用游标原理对两测量面相对移动分隔的距离进行读数的测量器具。游标卡尺与百分表都是最常用的长度测量器具。常用游标卡尺的结构如图 1-3-15 所示。

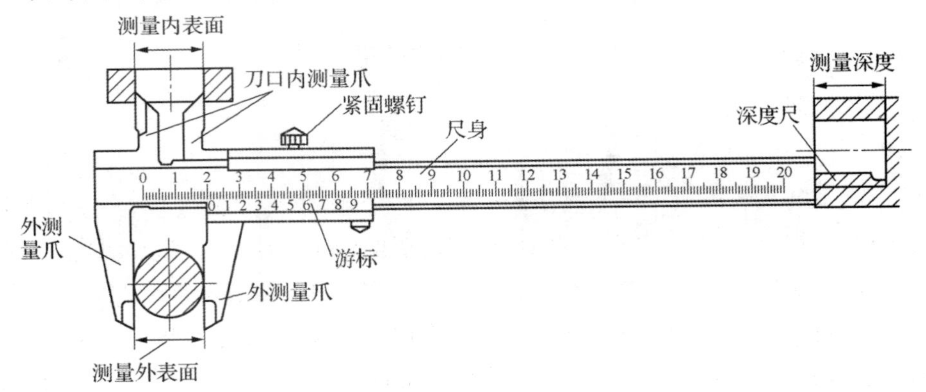

图 1-3-15　常用游标卡尺的结构

游标卡尺的主体是一个刻有刻度的尺身，称为主尺。沿着主尺滑动的尺框上装有游标。游标卡尺可以测量工件的内、外尺寸（如长度、宽度、厚度、内径和外径）、孔距、高度和深度等。其优点是使用方便、用途广泛、测量范围大、结构简单和价格低廉等。

（1）游标卡尺的读数原理和读数方法

游标卡尺的读数值有0.1mm、0.05mm、0.02mm三种。其中0.02mm的游标卡尺应用最普遍。下面介绍0.02mm游标卡尺的读数原理和读数方法。

游标50格刻线与主尺49格刻线宽度相同，故游标的每格宽度为49/50＝0.98，那么游标读数值为1.00mm－0.98mm ＝0.02mm，因此0.02mm即为该游标卡尺的读数值。游标与主尺的刻度如图1-3-16所示。

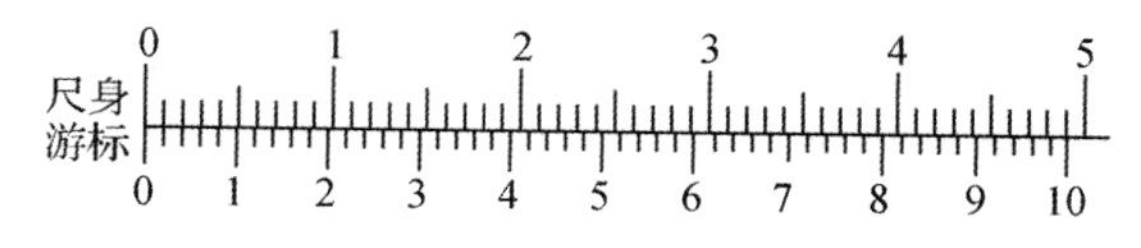

图1-3-16　游标与主尺的刻度

要读取游标卡尺上的数值，步骤如下：

① 读整数——看游标零线的左边，尺身上最靠近的一条刻线的数值，读出被测尺寸的整数部分。

② 读小数——看游标零线的右边，数出游标第几条刻线与尺身刻线对齐，读出被测尺寸的小数部分（即游标读数值乘其对齐刻线的顺序数）。

③ 得出被测尺寸——把上面两次读数的整数部分和小数部分相加，就是卡尺的所测尺寸。

例如，如图1-3-17所示，按上述三个步骤读数，即为14mm＋22×0.02mm＝14.44mm。

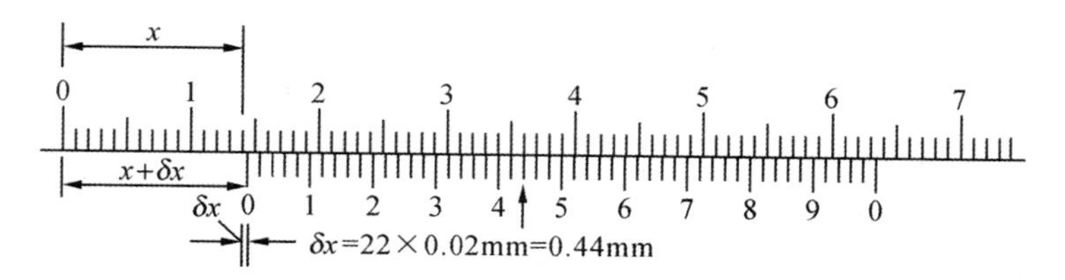

图1-3-17　读取游标卡尺上的数值

（2）游标卡尺使用注意事项

1）测量前注意事项

测量前要进行检查。游标卡尺使用前要进行检验，若卡尺出现问题，势必影响测量结果，甚至造成整批工件的报废。首先要检查外观，要保证无锈蚀、无伤痕和无毛刺，要保证游标卡尺清洁。然后检查零线是否对齐，将卡尺的两个量爪合拢，看是否有漏光现象。如果贴合不严，需进行修理。若贴合严密，再检查零位，看游标零线是否与尺身零线对齐、游标的尾刻线是否与尺身的相应刻线对齐。另外，检查游标在主尺上滑动是否平稳、灵活，不要太紧或太松。

2）读数时注意事项

读数时，要看准游标的哪条刻线与尺身刻线正好对齐。当游标上没有一条刻线与尺身刻线完全对齐时，可找出对得比较齐的那条刻线作为游标的读数。

3）测量时注意事项

测量时，要平着拿卡尺，朝着光亮的方向读，使量爪轻轻接触零件表面，量爪位置要摆正，视线要垂直于所读的刻线，防止读数误差。如图 1-3-18 所示的即是几种正确与错误测量方法的对比。

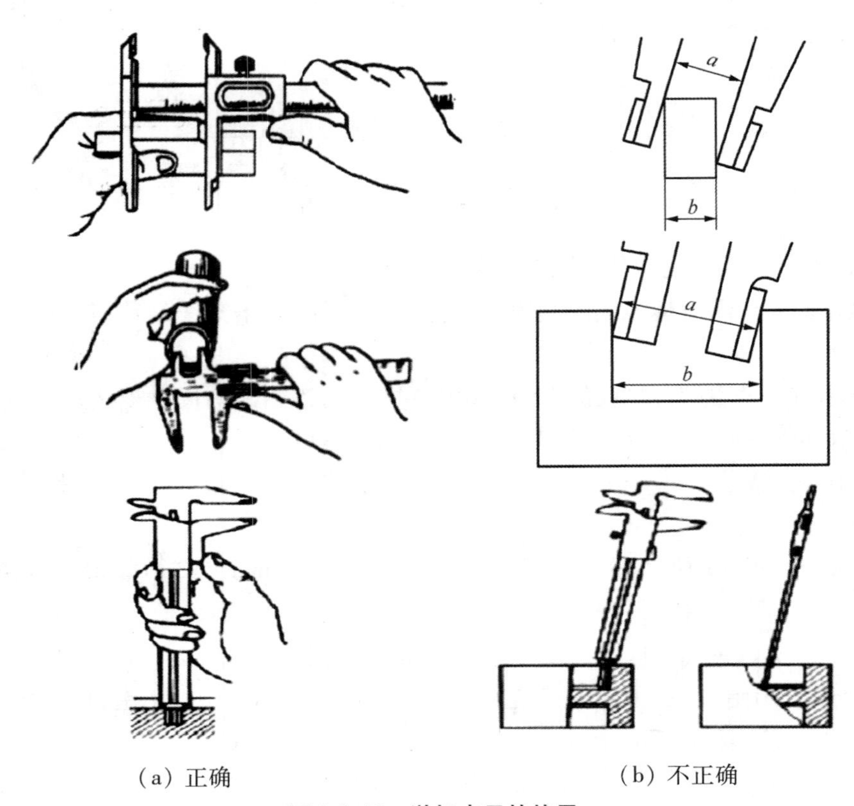

（a）正确　　（b）不正确

图 1-3-18　游标卡尺的使用

▶▶ 据展练习

- 常用键槽铣刀和立铣刀有何区别？各用于哪些场合？
- 数控铣床机床原点一般处于什么位置？
- 什么是工件坐标系？工件坐标系建立的原则有哪些？
- 简述 FANUC 0i 系统的对刀步骤。

项目四　数控加工仿真系统的基本操作

项目目标

1. 知识目标

- 了解数控加工仿真系统软件。
- 了解 FANUC 0i 南通机床厂 XH713A 仿真机床的面板功能。
- 了解数控加工仿真系统的基本操作。

2. 技能目标

- 掌握数控加工仿真系统的使用方法。
- 掌握加工程序编辑及图形模拟操作技术。
- 掌握仿真装刀、定义毛坯、对刀操作技术。

相关知识

1. 数控加工仿真系统软件简介

上海宇龙数控仿真系统提供车床、立式铣床、卧式加工中心、立式加工中心；控制系统有 FANUC 系统、SIEMENS 系统、三菱系统、大森系统、华中数控系统、广州数控系统以及上海市技能鉴定机构所采用的 PA 系统。

采用数据库统一管理刀具材料和性能参数库，刀具库含数百种不同材料和形状的车刀、铣刀，支持用户自定义刀具以及相关特征参数。仿真机床操作的整个过程为：毛坯定义、工件装夹、压板安装、基准对刀、安装刀具、机床手动操作等。

(1) 菜单栏

菜单栏如图 1-4-1 所示。

文件(F)　视图(V)　机床(M)　零件(P)　塞尺检查(L)　测量(T)　互动教学(R)　系统管理(S)　帮助(H)

图 1-4-1　菜单栏

- “文件”选项：用于建立新文件、新模型，保存正在加工的模型，打开已有文件和模型，推出系统。

- “视图”选项：通过不同角度、不同比例的缩放观察加工的零件，用来设置系统。
- “机床”选项：用来选择机床、选择刀具、移动尾座和传送程序。
- “零件”选项：用于定义毛坯、安装夹具、放置零件、移动零件、拆除零件。
- “塞尺检查”选项：用于数控铣、加工中心 Z 轴对刀。
- “测量”选项：剖面图测量、检验工件尺寸。

(2) 工具栏

工具栏如图 1-4-2 所示。

图 1-4-2 工具栏

- ：选择机床 
- ：定义毛坯 
- ：选择夹具 
- ：放置零件 
- ：选择刀具 
- ：对刀 
- ：DNC 传送 
- ：复位 
- ：局部放大 
- ：动态放缩 
- ：动态平移 
- ：动态旋转 
- ：分别为绕 X 轴、Y 轴、Z 轴旋转 
- ：分别为左侧视图、右侧视图、俯视图、前视图 
- ：选项 
- ：全屏

2. FANUC 0i 南通机床厂 XH713A 立式加工中心面板功能

FANUC 0i 南通机床厂 XH713A 立式加工中心面板功能如图 1-4-3 所示，上半区域为控制系统操作区，下半区域为机床操作区。

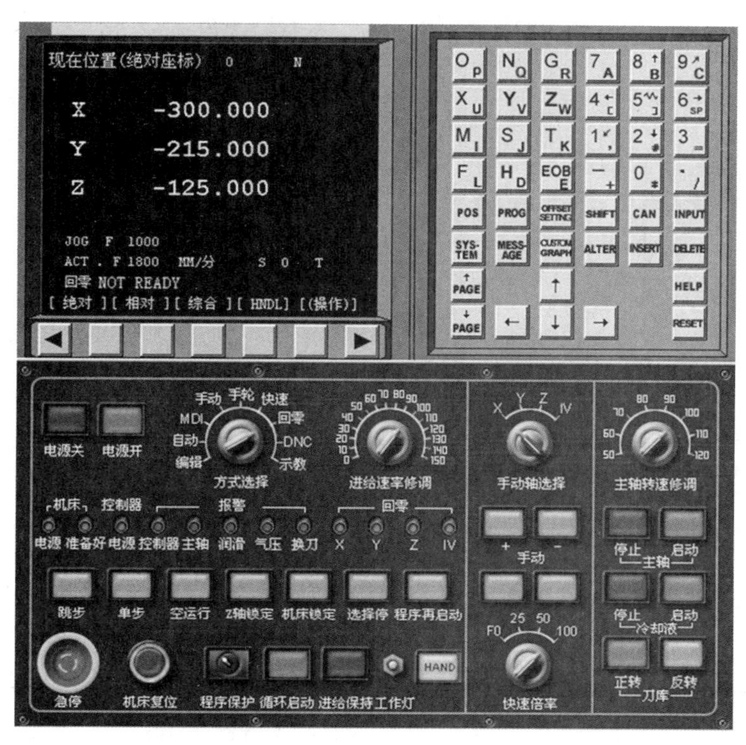

图 1-4-3　FANUC 0i 南通机床厂 XH713A 立式加工中心面板

（1）MDI 键盘说明

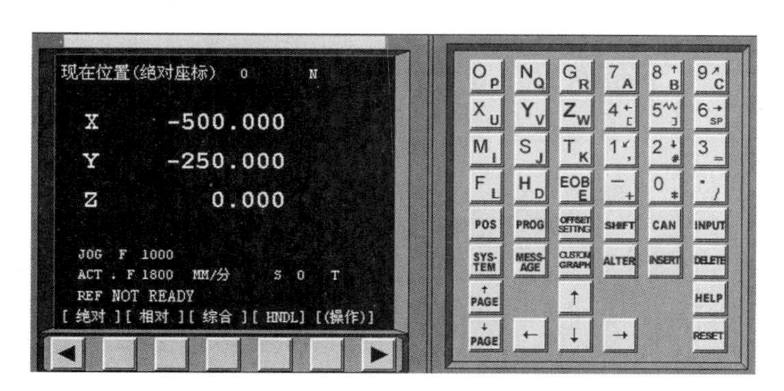

图 1-4-4　FANUC 0i MDI 键盘

图 1-4-4 所示为 FANUC 0i 系统的 MDI 键盘(右半部分)和 CRT 界面(左半部分)。MDI 键盘用于程序编辑、参数输入等。MDI 键盘上各个键的功能列于表 1-4-1。

表 1-4-1　FANUC 0i 系统面板功能介绍

MDI 软键	功　能
↑PAGE　↓PAGE	↑PAGE 软键实现左侧 CRT 中显示内容的向上翻页；↓PAGE 软键实现左侧 CRT 显示内容的向下翻页
↑ ← ↓ →	移动 CRT 中的光标位置。↑ 软键实现光标的向上移动；↓ 软键实现光标的向下移动；← 软键实现光标的向左移动；→ 软键实现光标的向右移动
O P　N Q　G R　X U　Y V　Z W　M I　S J　T K　F L　H D　EOB E	实现字符的输入。单击 SHIFT 键后再单击字符键，将输入右下角的字符。例如，单击 O P，将在 CRT 的光标所处位置输入“O”字符；单击 SHIFT 软键后再单击 O P，将在光标所处位置处输入“P”字符。单击“EOB”软键将输入“;”号，表示换行结束
7 A　8 B　9 C　4 [　5]　6 SP　1 ,　2 #　3 =　- +　0 *　. /	实现字符的输入。例如，单击 5] 软键，将在光标所在位置输入“5”字符，单击 SHIFT 软键后再单击 5]，将在光标所在位置处输入“]”
POS	在 CRT 中显示坐标值
PROG	CRT 将进入程序编辑和显示界面
OFFSET SETTING	CRT 将进入参数补偿显示界面
SYS-TEM	本软件不支持
MESS-AGE	本软件不支持
CUSTOM GRAPH	在自动运行状态下将数控显示切换至轨迹模式

续表

MDI 软键	功　能
SHIFT	输入字符切换键
CAN	删除单个字符
INPUT	将数据域中的数据输入指定的区域
ALTER	字符替换
INSERT	将输入域中的内容输入到指定区域
DELETE	删除一段字符
HELP	本软件不支持
RESET	机床复位

（2）机床位置界面

单击 POS 键，进入坐标位置界面。依次单击“绝对”软键、“相对”软键、“综合”软键，对应 CRT 界面将对应相对坐标（图 1-4-5）、绝对坐标（图 1-4-6）和综合坐标（图 1-4-7）。

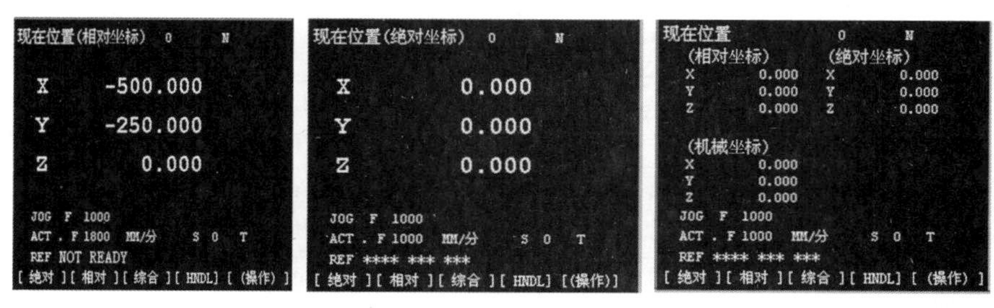

图 1-4-5　相对坐标　　图 1-4-6　绝对坐标　　图 1-4-7　综合坐标

(3) 程序管理界面

单击 POS 键,进入程序管理界面,单击“LIB”软键,将列出系统中所有的程序(图 1-4-8),在所列出的程序列表中选择某一程序名,单击 PROG 键,将显示该程序(图 1-4-9)。

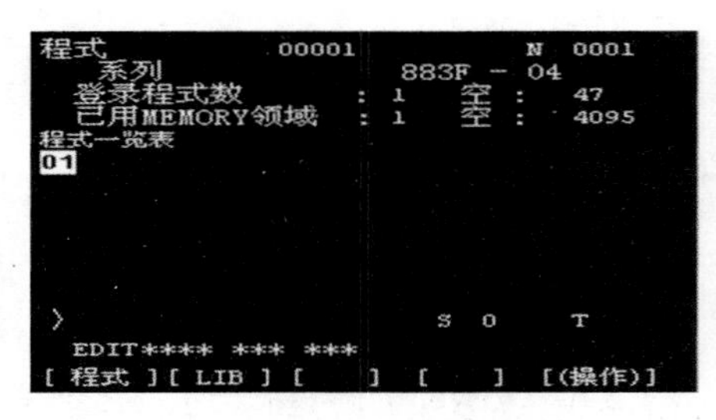

图 1-4-8 显示程序列表

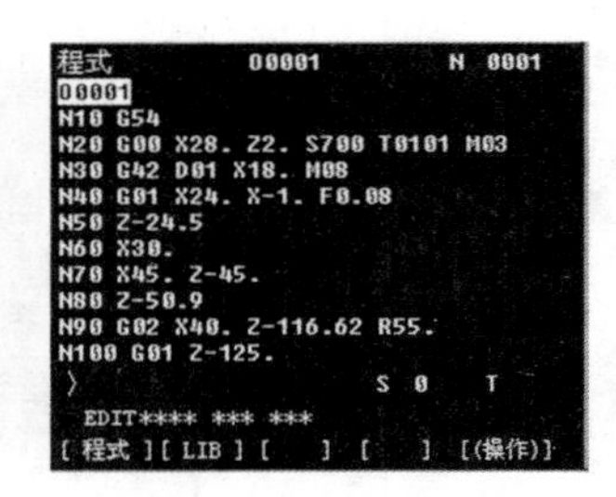

图 1-4-9 显示当前程序

(4) 面板功能说明

如图 1-4-10 所示为南通机床厂立式加工中心操作面板。

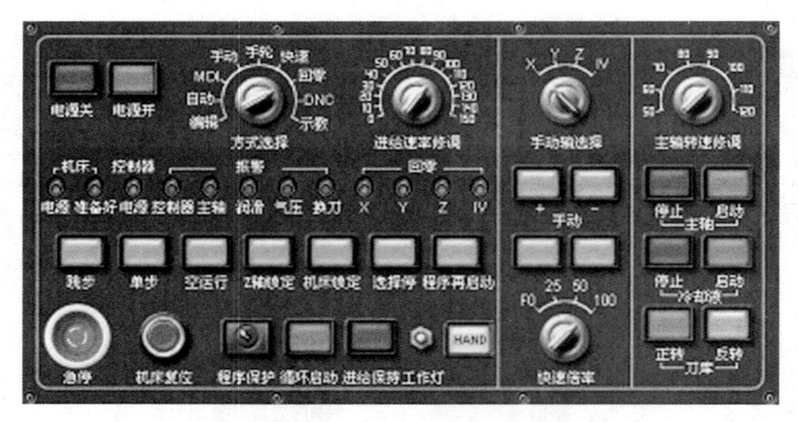

图 1-4-10 南通机床厂立式加工中心操作面板

操作面板功能说明见表 1-4-2。

表 1-4-2 操作面板功能说明

按 钮	名 称	功 能 说 明
	单步	此按钮被按下后,运行程序时每次执行一条数控指令
	跳步	此按钮被按下后,数控程序中的注释符号“/”有效

续表

按　钮	名　称	功 能 说 明
Z轴锁定	Z 轴锁定	锁定 Z 轴
机床锁定	机床锁定	锁定机床
选择停	选择停	单击该按钮，“M01”代码有效
空运行	空运行	单击该按钮，进入空运行状态
机床复位	机床复位	复位机床
循环启动	循环启动	程序运行开始；系统处于“自动运行”或“MDI”位置时按下有效，其余模式下使用无效
进给保持	进给保持	程序运行暂停，在程序运行过程中，按下此按钮运行暂停
主轴转速修调	主轴转速修调	将光标移至此旋钮后，通过单击鼠标的左键或右键来调节主轴旋转倍率
进给速率修调	进给倍率修调	调节运行时的进给速度倍率
快速倍率	快速倍率	调节手动快速倍率
手动轴选择	手动轴选择	在手动时选择轴方向

续表

按　钮	名　称	功 能 说 明
	编辑	进入编辑模式,用于直接通过操作面板输入数控程序和编辑程序
	自动	进入自动加工模式
	MDI	进入 MDI 模式,手动输入并执行指令
	手动	手动方式,连续移动
	手轮	手轮移动方式
	快速	手动快速模式
	回零	回零模式
	DNC	进入 DNC 模式,输入/输出资料
	示教	本软件不支持
	急停	按下“急停”按钮,使机床移动立即停止,并且所有的输出如主轴的转动等都会关闭
	手动正、反方向运行	在手动方式下控制进给轴的正反方向进给
	主轴控制	从左至右分别为停止、启动
	手轮显示	按下此按钮,则可以显示出手轮
	手轮面板	单击  HAND 按钮,将显示手轮面板。单击手轮面板右下方的  按钮,将隐藏手轮面板
	手轮进给倍率	将光标移至此旋钮上后,通过单击鼠标的左键或右键来调节手轮步长。×1、×10、×100 分别代表移动量为 0.001mm、0.01mm、0.1mm
	手轮	将光标移至此旋钮上后,通过单击鼠标的左键或右键来转动手轮
	隐藏手轮	单击该按钮,将隐藏手轮面板
	电源开	开电源
	电源关	关电源

3. 数控加工仿真系统的基本操作

（1）激活机床

单击“电源开”按钮；检查“急停”按钮是否松开至状态，若未松开，单击“急停”按钮，将其松开。

（2）机床回参考点

检查操作面板上机床操作模式选择旋钮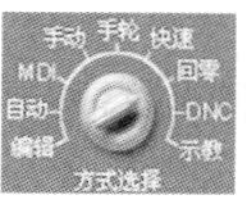

是否指向“回零”，若不在回零状态，则调节旋钮，使之指向“回零”模式。

在回原点模式下，先将 Z 轴回原点，单击操作面板上的“手动轴选择”旋钮

，使旋钮指向“Z”，再单击“正向进给”按钮，此时 Z 轴将回原点，Z 轴回原点灯变亮，CRT 上的 Z 坐标变为“0.000”。同样地，再分别单击“手动轴选择”旋钮，选择 Y 轴、X 轴，再单击，此时 Y 轴、X 轴将回原点，Y 轴、X 轴回原点灯变亮。此时 CRT 界面如图 1-4-11 所示。

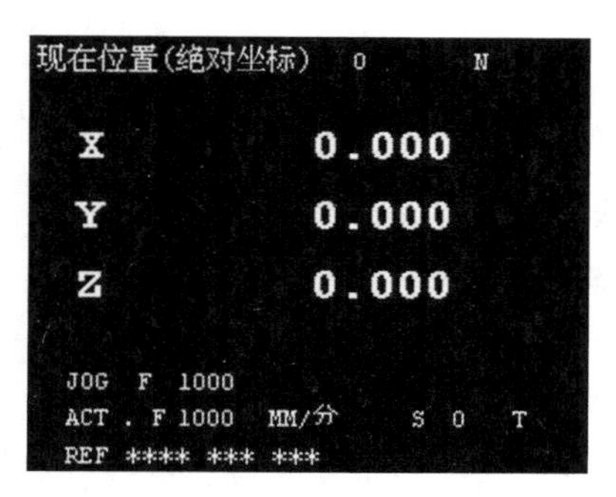

图 1-4-11　CRT 界面

（3）手动操作

1）手动/连续方式

① 单击操作面板中的机床方式选择旋钮，使其指向“手动”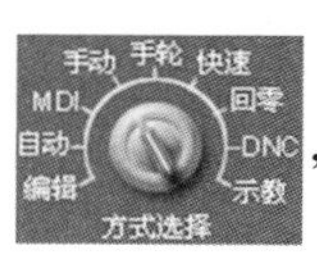

，则系统处于手动模式，机床转入手动操作状态。

② 分别单击 

按钮，选择移动的坐标轴，再单击 

，可移动相应的坐标轴。

③ 单击 

，控制主轴的转动和停止。

说明： 刀具切削零件时，主轴需转动。加工过程中刀具与零件发生非正常碰撞后（非正常碰撞包括车刀的刀柄与零件发生碰撞；铣刀与夹具发生碰撞等），系统弹出警告对话框，同时主轴自动停止转动，调整到适当位置，继续加工时需再次单击 

按钮，使主轴重新转动。

2）手动脉冲方式

① 在手动/连续方式或在对刀，需精确调节机床时，可用手动脉冲方式调节机床。

② 单击操作面板中的方式选择旋钮，使其指向“手轮” 

，则系统处于手轮模式（手动脉冲）方式。

③ 单击“手轮”按钮 HAND ，显示手轮面板  。

④ 将鼠标光标对准“手动轴选择”旋钮 

，单击左键或右键，选择坐标轴。

⑤ 将鼠标光标对准“手轮进给倍率”旋钮，单击左键或右键，选择合适的脉冲当量。

⑥ 将鼠标光标对准手轮，单击左键或右键，精确控制机床的移动。

⑦ 单击 ，控制主轴的转动和停止。

⑧ 单击 ，可隐藏手轮。

3）快速进给方式

① 单击操作面板中的机床方式选择旋钮，使其指向“快速”，则系统处于快速进给模式 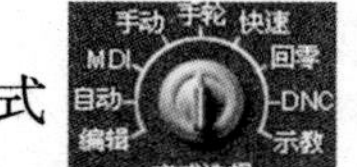

。

② 分别单击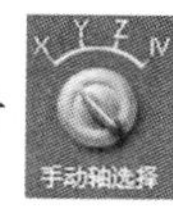

按钮，选择移动的坐标轴，再单击

，可快速移动相应的坐标轴。其进给速度可由“快速倍率”按钮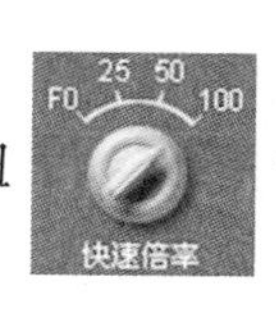

调整。

> **说明：**只有在刀具还没有碰到工件时才可以使用快速进给模式。

4. 数控仿真系统程序输入及图形模拟

（1）手工输入一个新程序的方法

① 将方式选择选到“编辑”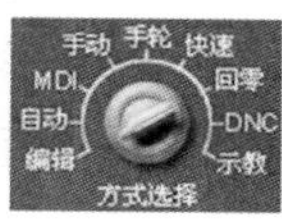

，系统处于编辑模式。

② 按面板上的程序键 PROG ，显示程序画面。

③ 用“字母/数字”键输入程序号。例如，输入程序号“O0001”。

④ 按系统面板上的“插入”键 INSERT 。

⑤ 按 EOB 键，输入分号“;”。

⑥ 按系统面板上的“插入”键 INSERT 。

⑦ 这时程序屏幕上显示新建立的程序名，接下来可以输入程序内容。

在输入到一行程序的结尾时，按 EOB 键，生成“;”，然后再按“插入”键。这样程序会自动换行，光标出现在下一行的开头。

（2）程序模拟

将光标移动至程序名处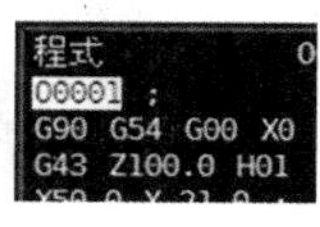

，方式选择选到“自动”模式

，单击“图形模拟”键

，再单击“循环启动”键

，在 CRT 界面上就能看见刀具路径图，单击，观察俯视图。

5. 数控加工仿真系统对刀操作

(1) 选择毛坯

单击 ，按照零件图尺寸要求定义毛坯尺寸。

(2) 选择夹具

单击 ，先选毛坯，再选夹具，单击“确定”按钮。

(3) 放置零件

单击 ，选中定义的毛坯、夹具，单击“安装零件”按钮。

(4) 选择刀具

单击 ，输入刀具直径，选择刀具类型，单击“确定”按钮，在可选刀具一栏中选择所需刀具，默认为 1 号刀具。如果要选 2 号刀具，则必须在已经选择的刀具中单击第 2 行，再如 1 号刀具一样去选。选好所有刀具后单击“确定”按钮，刀具则被依次安装在刀库中。

将刀具安装到主轴上，方法有两种：

方法一：在仿真系统中，可以直接在选刀对话框中单击已经选好的刀具，然后单击“添加到主轴”，最后单击“确定”按钮。

方法二：在 MDI 方式下，输入换刀程序“G91G28Z0；T × × M06；”，单击“循环启动”按钮。

(5) 对刀操作

对刀要解决加工坐标系的设定、刀具长度补偿参数设置。

随着技术的发展及对刀仪、寻边器等的普遍应用，对刀过程越来越方便。这里介绍最普遍的试切法对刀（假设零件的编程原点在工件上表面的几何中心）。对刀步骤如下：

① 按工艺要求装夹工件。

② 按编程要求，确定刀具编号并将 1 号刀具安装到主轴上。

③ 启动主轴。在“手动”方式下按 

。

④ *X* 轴对刀：手动模式下，移动 *X* 轴与工件的一侧接触，计算此时刀具刀位点的工件坐标 *X* 值（如果编程原点在工件上表面的几何中心，*X* = 工件 × 方向尺寸/2 + 刀具半径）；按“OFFSET/SETING（补正/设置）”键，按“工件系”软键，光标移动至坐标系的 G54 坐标 *X* 处，输入 *X* 工件坐标值，单击“测量”软键。

⑤ *Y* 轴方向用相同的方法可找到原点。

⑥ *Z* 轴原点对刀，刀具旋转，移动刀具，试切工件上表面；查看坐标显示页面，记下此

时机械坐标的 Z 值;按“OFFSET/SETING(补正/设置)”键,按“补正”软键,将光标移动到目标刀具的补偿号码上,把 Z 坐标的机械值输入相应的形状[H]中。其他刀具的长度补偿用相同的方法进行。

▶▶ 拓展练习

- 简述数控加工仿真系统的概念,其主要有哪些机床类型及系统类型?
- 简述数控加工仿真软件的开机步骤。
- 简述数控加工仿真对刀步骤。

第二篇 数控铣削加工

项目一 平面的铣削加工

▶▶ 项目目标

- 掌握简单基本指令的功能。
- 了解平面铣刀的选用方法。
- 掌握平面铣削工艺的制定及编程方法。
- 了解表面粗糙度比较样块及百分表的使用方法。

▶▶ 项目任务

完成如图 2-1-1 所示的零件,该零件材料为硬铝。

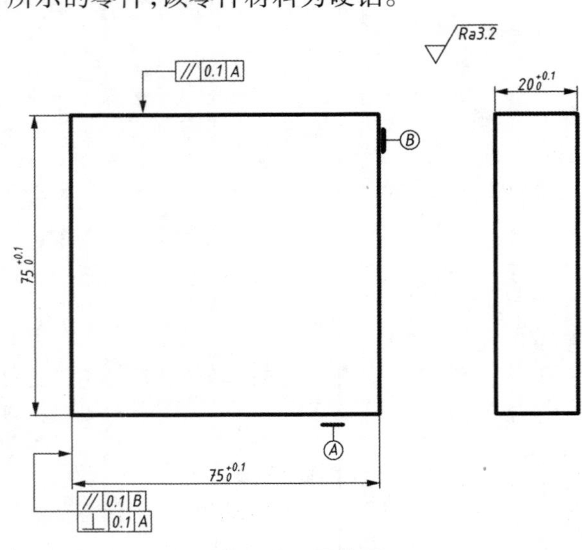

图 2-1-1　零件图

▶▶ 相关知识

1. 准备功能指令(G 代码或 G 指令)

(1) 绝对坐标、相对坐标指令(G90/G91)

1) 指令功能

① G90:绝对坐标指令,指输入尺寸表示目标点坐标值,即绝对坐标值。

如图 2-1-2 所示,刀具起点在 *P*1 点,直线加工至 *P*2 点,再直线加工至 *P*3 点,用 G90 绝对坐标指令编程。

```
N10 G90 G1 X50 Y40 F50;     刀具从 P1 点加工至 P2 点
N20 X85 Y30;                刀具从 P2 点加工至 P3 点
```

其中,第一段程序“X50 Y40”为 *P*2 点绝对坐标,第二段程序“X85 Y30”为 *P*3 点绝对坐标。

② G91:相对(增量)坐标指令,指输入尺寸表示目标点相对于前一位置的移动增量(正负号由移动方向定)或相对于前一位置点坐标。

如图 2-1-3 所示,刀具起点在 *P*1 点,直线加工到 *P*2 点,再从 *P*2 点加工到 *P*3 点,用 G91 增量坐标指令编程。

```
N10 G91 G1 X20 Y25 F50;     刀具从 P1 点加工至 P2 点
N20 X35 Y -10;              刀具从 P2 点加工至 P3 点
```

其中,第一段程序中“X20 Y25”为 *P*2 点相对于 *P*1 点的坐标(移动增量),第二段程序中“X35 Y -10”为 *P*3 点相对于 *P*2 点的坐标(移动增量)。

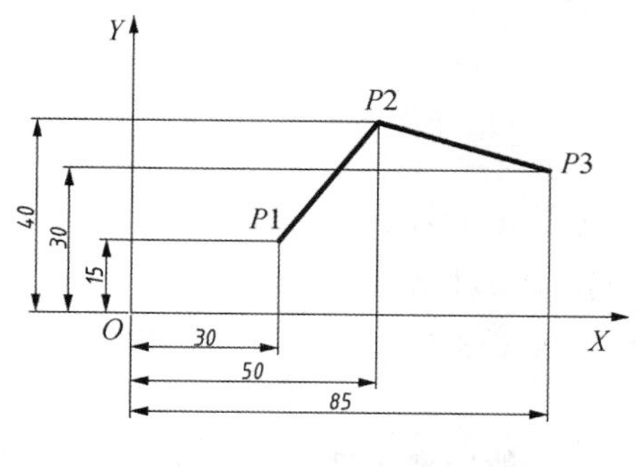

图 2-1-2 G90 指令举例

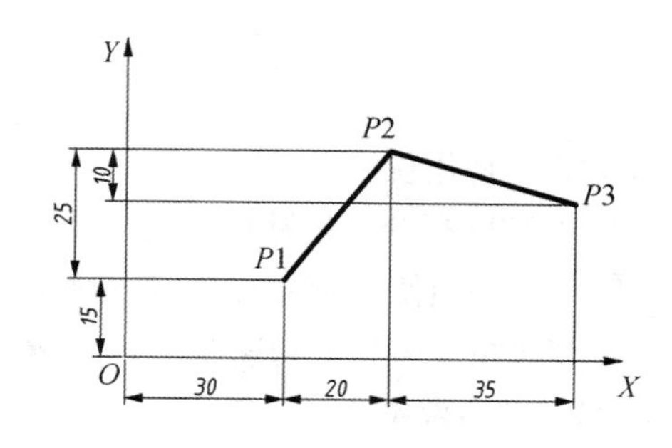

图 2-1-3 G91 指令举例

2) 指令使用说明

① G90、G91 为续效代码,一经指定持续有效。

② 一般情况下 G90 为机床默认指令,程序启动后 G90 有效,直到被 G91 替代为止。

③ FANUC 系统中还可用 *U*、*V*、*W* 表示相对坐标,用 *X*、*Y*、*Z* 表示绝对坐标,且可以使

用绝对坐标、相对坐标混合编程(用 *U*、*V*、*W* 分别表示 *X*、*Y*、*Z* 方向的增量)。

对图 2-1-3 所示的加工路线用绝对坐标与相对坐标混合编程。

```
N10 G0 X30 Y15;        刀具移动到 P1 点,P1 点绝对坐标为 X30 Y15
N20 G1 U20 V25 F50;    从 P1 点加工到 P2 点,P2 点相对于 P1 点在 X 方向
                       增量为 20,Y 方向增量为 25
N30 X85 Y30;           刀具直线加工到 P3 点,P3 点绝对坐标为 X85 Y30
```

(2) 快速点定位 G00(或 G0)指令

1) 指令功能

指刀具以机床规定的速度(快速)运动到目标点。

2) 指令格式

G00 X__ Y__ Z__;

其中,*X*、*Y*、*Z* 为目标点的坐标。

如图 2-1-4 所示,刀具空间快速运动至点 *P*(40,30,5),数控程序为“G00 X40 Y30 Z5;”。

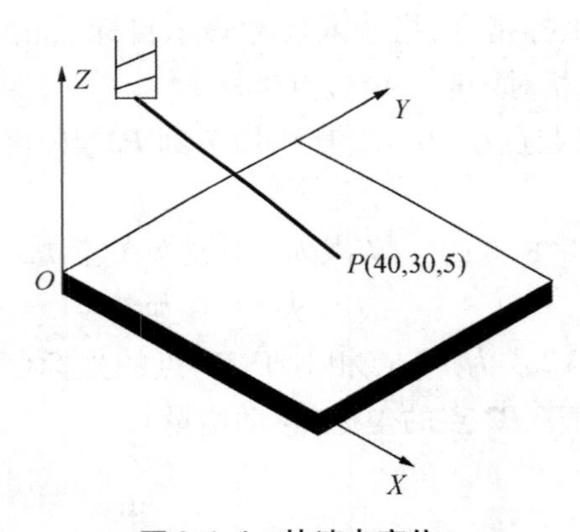

图 2-1-4 快速点定位

3) 指令使用说明

① 用 G00 指令快速移动时地址 F 下编程的进给速度无效。

② G00 一经使用持续有效,直到被同组 G 代码(G1,G2,G3,…)取代为止。

③ G00 指令刀具运动速度快,容易撞刀,只能使用在退刀及空中运行的场合,能减少运动时间,提高效率。

④ 向下运动时,不能以 G00 速度运动切入工件,一般应离工件有 5 ~ 10mm 的安全距离,不能在移动过程中碰到机床、夹具等。

(3) 直线插补 G01(或 G1)指令

1) 指令功能

刀具以给定的进给速度运动到目标点。

2）指令格式

G01 X__ Y__ Z__ F__;

其中，X、Y、Z 为目标点的坐标；F 为刀具进给速度大小，单位一般为 mm/min。

例 如图 2-1-5 所示，刀具起点在 $P1$ 点，直线加工至 $P2$ 点，再直线加工至 $P3$ 点，数控程序如下：

```
N20 Gl X80 Y90 F70;      由 P1 直线插补至 P2，进给速度为 70mm/min
N30 X120 Y70;            由 P2 直线插补至 P3（G1、F70 为续效指令，可不写）
```

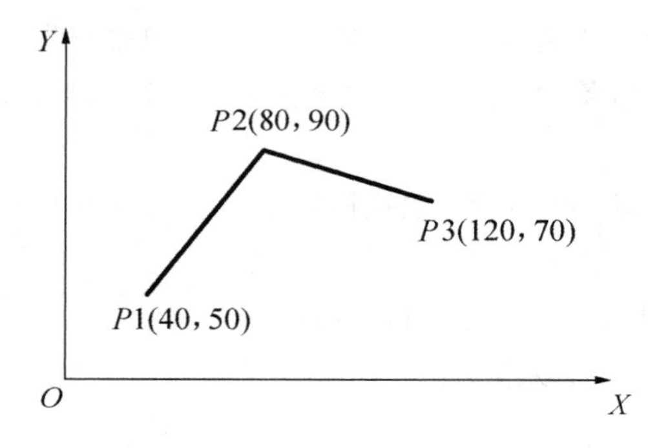

图 2-1-5 应用实例

3）指令使用说明

① 用于直线切削加工，必须给定刀具进给速度。

② G01 为续效代码，一经使用持续有效，直到被同组 G 代码（G0，G2，G3，…）取代为止。

③ 刀具空间运行或退刀时用此指令，则运动时间长、效率低。

（4）米、英制尺寸设定指令

1）指令功能

G21：米制，米制尺寸设定指令是指选定输入的尺寸是米制。

G20：英制，英制尺寸设定指令是指选定输入的尺寸是英制。

2）指令使用说明

① FANUC 系统 G20、G21 指令必须在设定坐标系之前，并在程序的开头以单独程序段指定。

② 在程序段执行期间，均不能切换米、英制尺寸输入指令。

③ G20、G21 为模态有效指令。

④ 本教材所用数控系统采用米制尺寸输入指令，程序启动时指令生效。

3）在米制、英制转换之后，将改变下列值的单位制

① 由 F 代码指定的进给速度。

② 位置指令。

③ 工件零点偏移值。

④ 刀具补偿值。

⑤ 手摇脉冲发生器的刻度单位。

⑥ 在增量进给中的移动距离。

(5) 进给速度单位设定指令

1) 指令功能

确定直线插补或圆弧插补中进给速度的单位。

2) 指令格式

G94 F__;　每分钟进给量,尺寸为米制或英制时,单位分别为 mm/min、in/min

G95 F__;　每转进给量,尺寸为米制或英制时,单位分别为 mm/r、in/r

3) 指令使用说明

① 数控车床中常默认 G95 有效;数控铣床中常默认 G94 有效。

② G95 指令只有在主轴为旋转轴时才有意义。

③ G94、G95 更换时要求写入一个新的地址 F。

④ G94、G95 均为模态有效指令。

2. 表面粗糙度比较样块

表面粗糙度比较样块是以比较法来检查机械零件加工表面粗糙度的一种工作量具,通过目测或利用放大镜与被测加工件进行比较,可判断表面粗糙的级别,如图 2-1-6 所示。

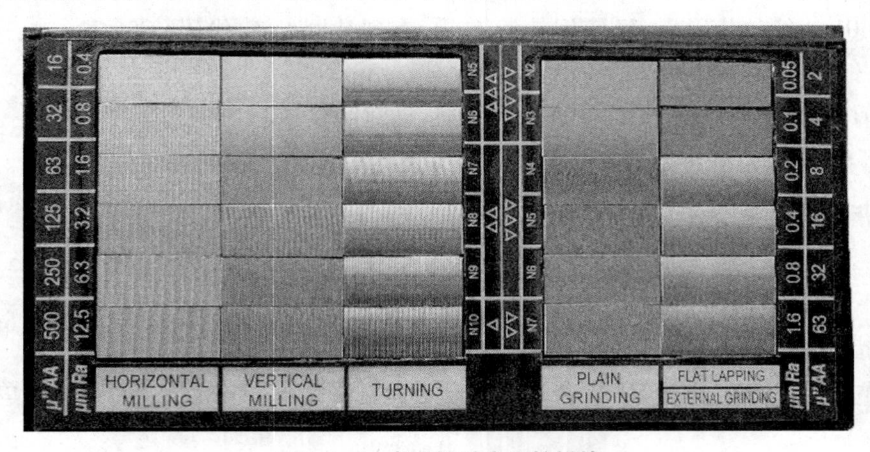

图 2-1-6　表面粗糙度比较样块

(1) 材料及规格

材料:除研磨样块采用 GCr15 材料外,其余样块采用 45 号优质碳素结构钢制成。

规格分为三种:

① 七组样块(车床、刨床、立铣、平铣、平磨、外磨、研磨)。

② 六组样块(车床、立铣、平铣、平磨、外磨、研磨)。

③ 单组形式(车床样块、刨床样块、立铣样块、平铣样块、平磨样块、外磨样块、研磨

样块）。

（2）注意事项

比较样块在使用时应尽量和被检零件处于同等条件下（包括表面色泽、照明条件等），不得用手直接接触比较样块，要严格进行防锈处理，以防锈蚀，并避免划伤。

3. 百分表

百分表是一种精度较高的比较量具，主要用于检测工件的形状和位置误差，也可在机床上用于工件的安装找正。它只能测出相对数值，不能测出绝对值。

（1）百分表的部件组成

百分表的部件组成如图2-1-7所示。

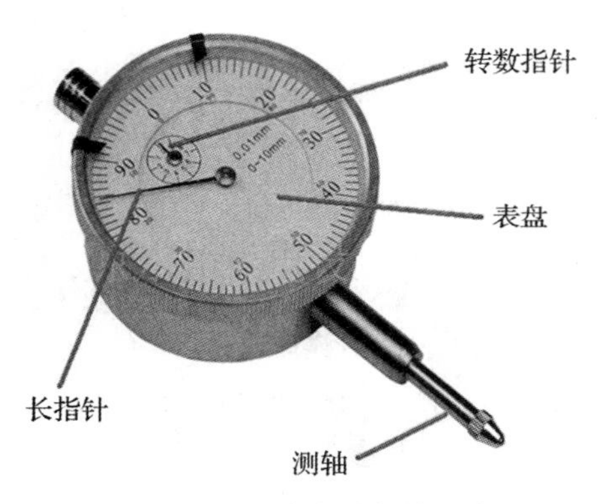

图2-1-7　百分表的部件组成

（2）百分表的工作原理

① 将被测尺寸引起的测杆微小直线移动，经过齿轮传动放大，变为指针在刻度盘上的转动，从而读出被测尺寸的大小。

② 当测量杆向上或向下移动1mm时，通过齿轮传动系统带动长指针转一圈，同时短指针转一格。

（3）百分表的读数方法

① 长指针每转一格，读数为0.01mm，短指针每转一格，读数为1mm。

② 先读短指针转过的刻度线（即毫米整数），再读长指针转过的刻度线（即小数部分），并乘以0.01，然后两者相加，即得到所测量的数值。

（4）百分表使用注意事项

① 使用前，应检查测量杆活动的灵活性。

② 测量时，不要使测量杆的行程超过它的测量范围。

③ 测量平面时，百分表的测量杆要与平面垂直；测量圆柱形工件时，测量杆要与工件的中心线垂直。否则，将使测量杆活动不灵或测量结果不准确。

▶▶ 项目实施

1. 加工工艺分析

(1) 工具选择

工件采用平口钳装夹,试切法对刀。

(2) 量具选择

平面间距离尺寸用游标卡尺测量,形位公差用百分表检测,表面质量用表面粗糙度比较样块检测,另用百分表校正平钳口。

(3) 刀具选择

平面用面铣刀(旧称端铣刀)铣削,数控铣床(加工中心)常用硬质合金面铣刀的外形如图 2-1-8 所示。

图 2-1-8 硬质合金面铣刀

本项目采用 ϕ20mm 键槽铣刀和 ϕ20mm 立铣刀替代面铣刀,粗加工用键槽铣刀铣平面,精加工用立铣刀侧边下刀铣平面。

2. 加工工艺方案确定

(1) 端面铣削方式

端面铣削时根据铣刀相对于工件安装位置不同可分为对称铣削和不对称铣削两种。

端面对称铣削:面铣刀轴线位于铣削弧长的中心位置。

端面不对称铣削:端面不对称铣削又分为不对称顺铣和不对称逆铣两种。其中,逆铣对刀具损坏影响最大,顺铣对刀具损坏影响最小。

(2) 平面铣削工艺路径

平面铣削加工路径有:

① 单向平行切削路径。刀具以单一的顺铣或逆铣方式切削平面,如图 2-1-9(a)所示。

② 往复平行铣切路径。刀具以顺铣、逆铣混合方式切削平面，如图 2-1-9(b)所示。

③ 环切切削路径。刀具以环状走刀方式铣削平面，可从里向外或从外向里，如图 2-1-9(c)所示。

通常粗铣平面采用往复平行切削法，切削效果好，空刀时间少。精铣平面采用单向平行切削路径，表面质量易于保证。

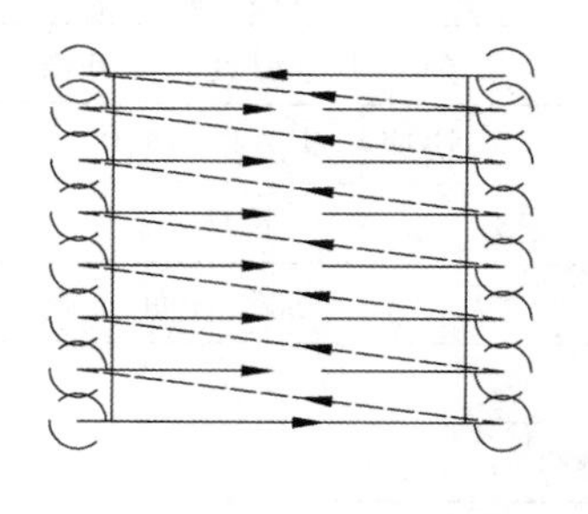

(a) 单向平行切削路径

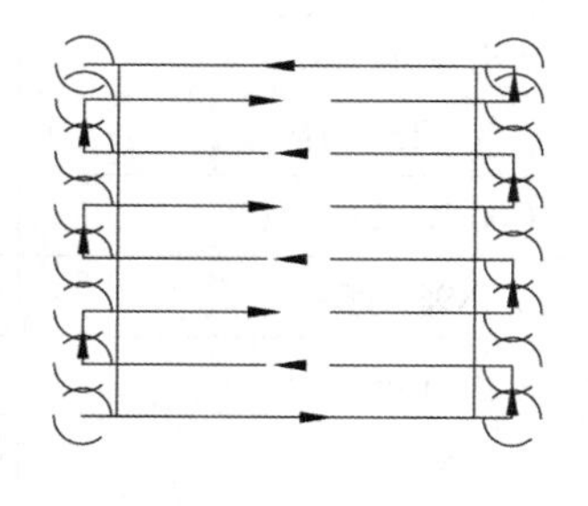

(b) 往复平行铣切路径

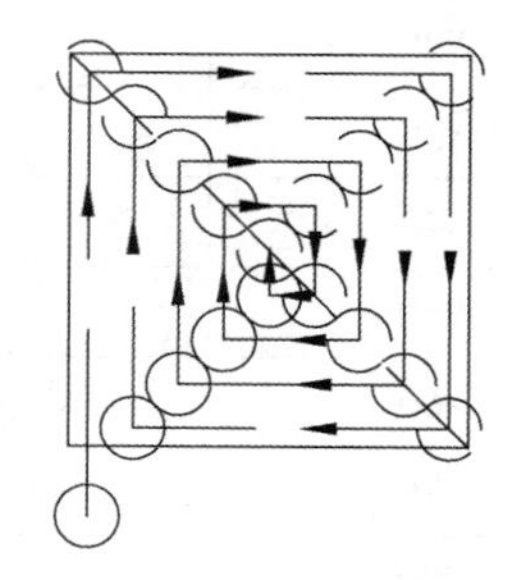

(c) 环切切削路径

图 2-1-9 平面铣削路径

3）六个平面加工步骤

① 粗、精加工上表面。

② 粗、精加工下表面，控制厚度尺寸。

③ 粗、精加工左(右)侧面。

④ 粗、精加工右(左)侧面，控制长度尺寸。

⑤ 粗、精加工前(后)侧面。

⑥ 粗、精加工后(前)侧面，控制宽度尺寸。

4）合理选用切削用量

加工材料为硬铝，硬度较低，切削力较小，粗铣背吃刀量除留精铣余量外，一刀切完。切削速度较高，进给速度为 50 ~ 80mm/min，具体见表 2-1-1。

表 2-1-1 铣削平面合理切削用量

刀具	工作内容	进给速度/(mm/min)	主轴转速/(r/min)
高速钢键槽铣刀(T1)	粗铣平面深度方向留 0.3mm 精加工余量	80	600
高速钢立铣刀(T2)	精铣平面	60	800

3. 参考程序编制

该工件形状较为简单，易于数控编程，工件坐标系原点取在工件左下角上表面顶点处；本项目粗铣采用往复平行切削法，精加工采用单向平行切削法；编程时直接用刀心运动轨迹坐标编程。

参考程序见表 2-1-2。

表 2-1-2 程序示例

程序段号	程序内容	动作说明
N1	O0001;	程序名
N5	G90 G54 G00 X0 Y0;	建立工件坐标系
N10	M03 S600;	主轴正转
N20	G43 Z10 H01;	建立1号刀具高度补偿
N30	X-15 Y0;	快速移动至(-15,0)点
N40	G00 Z-2;F60;	下刀
N50	X95 F80;	粗加工表面
N60	Y18;	
N70	X-15;	
N80	Y36;	
N90	X95;	
N100	Y54;	
N110	X-15;	
N120	Y72;	
N130	X95;	
N140	G0 Z100;	抬刀
N150	M05;	主轴停转
N160	M00;	程序暂停,换精铣刀
N170	M03 S800;	主轴正转
N180	G43 Z10 H02;	建立2号刀具高度补偿
N190	G0 X-15 Y0;	快速移动至(-15,0)点
N200	Z-2.5;	下刀
N210	G01 X95 F80;	精加工表面
N220	G0 Z5;	抬刀
N230	G0 X-15 Y18;	快速移动至(-15,18)点
N240	Z-2.5;	下刀
N250	G01 X95 F80;	精加工表面
N260	G0 Z5;	抬刀
N270	G0 X-15 Y36;	快速移动至(-15,36)点
N280	Z-2.5;	下刀
N290	G01 X95 F80;	精加工表面
N300	G0 Z5;	抬刀

续表

程序段号	程序内容	动作说明
N310	G0 X-15 Y72;	快速移动至(-15,72)点
N320	Z-2.5;	下刀
N330	G01 X95 F80;	精加工表面
N340	G0 Z100;	抬刀
N350	M05 M30;	主轴停转,程序结束

项目总结

- 本项目直接按刀具中心运动轨迹的坐标值来编程,无须建立刀具半径补偿。
- 为了避免出现接刀痕迹,每两刀之间要有一定量的重叠。
- 平面铣削编程时,尽量选用较短的加工路线,以提高效率。
- 平面铣削编程时,也可用直径较大的面铣刀采用直线插补的方式进行编程。
- 在工件外侧边可用 G0 指令下刀,以缩短时间,但必须注意下刀过程中不能碰到工件或机床夹具,否则加工时将发生撞刀。

拓展练习

针对如图 2-1-10 所示零件,试编写加工程序。

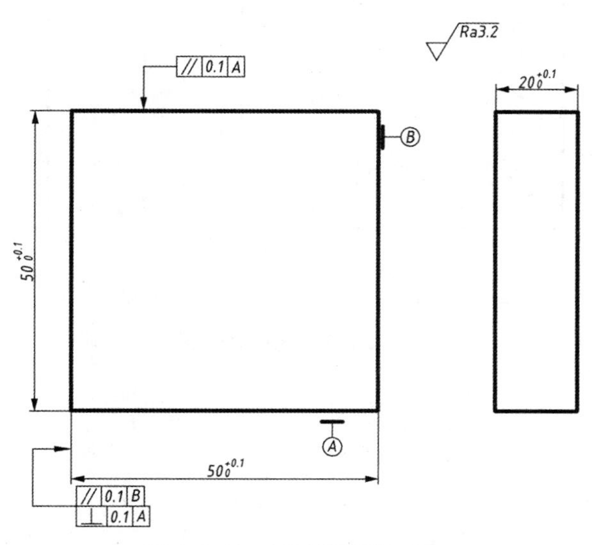

图 2-1-10　平面铣削练习图

项目二　平面外轮廓的铣削加工

▶▶ 项目目标

- 了解 G17、G18、G19 平面选择指令的含义。
- 掌握 G02、G03 圆弧插补指令及其应用。
- 掌握刀具半径补偿指令的使用方法。
- 掌握轮廓铣削的切入、切出方式。
- 掌握轮廓铣削工艺的制定及编程方法。
- 掌握深度游标卡尺的使用方法。

▶▶ 项目任务

完成如图 2-2-1 所示的零件,零件材料为硬铝。

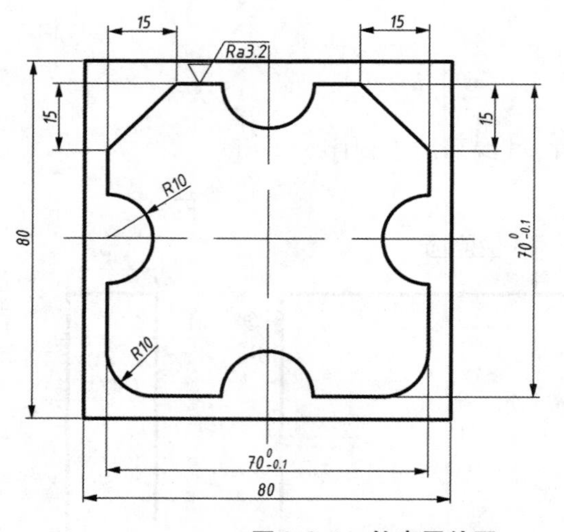

图 2-2-1　轮廓零件图

▶▶ 相关知识

1. 平面选择指令(G17、G18、G19)

(1) 指令功能

在圆弧插补、刀具半径补偿及刀具长度补偿时必须首先确定一个平面,即确定一个由两个坐标轴构成的坐标平面。在此平面内可以进行圆弧插补、刀具半径补偿及在此平面垂直坐标轴方向进行长度补偿。铣床三个坐标轴构成三个平面。

G17 __;　　　　　　X/Y 平面选择
G18 __;　　　　　　Z/X 平面选择
G19 __;　　　　　　Y/Z 平面选择

(2) 指令使用说明

立式铣床及加工中心上加工圆弧及刀具半径补偿平面为 *XOY* 平面,即 G17 平面,长度补偿方向为 *Z* 轴方向,且 G17 代码程序启动时生效。

2. 圆弧插补指令

(1) 指令功能

使刀具按给定进给速度沿圆弧方向进行切削加工。

(2) 指令代码

顺时针圆弧插补指令代码:G02(或 G2)。

逆时针圆弧插补指令代码:G03(或 G3)。

顺时针、逆时针方向判别:从不在圆弧平面的坐标轴正方向往负方向看,若为顺时针方向,则用 G02,若为逆时针方向,则用 G03,如图 2-2-2 所示。

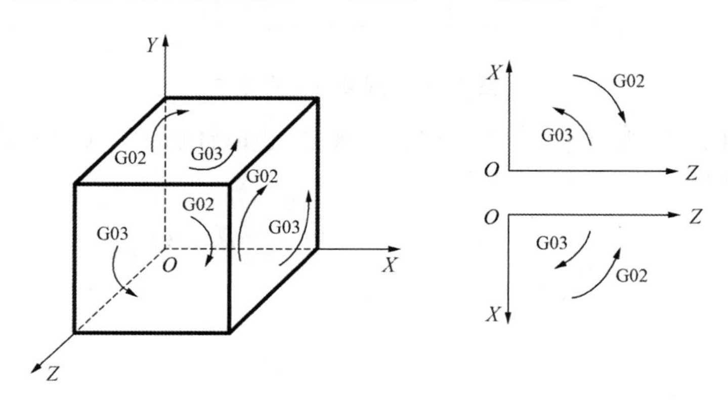

图 2-2-2　G02/G03 方向判别

(3) 指令格式

1) 格式一:终点坐标+圆弧半径

G17 G02(G03) X__ Y__ R__ F__;

其中,X、Y 为圆弧终点坐标;R 为圆弧半径;F 为圆弧插补进给速度。

2) 格式二:终点坐标+圆心坐标

G17 G02(G03) X__ Y__ I__ J__ F__;

其中,X、Y 是圆弧终点坐标;I、J 是表示圆弧圆心相对于圆弧起点的增量坐标;F 是圆弧插补进给速度。

(4) 指令使用说明

①"终点坐标+圆弧半径"格式中,当圆弧圆心角小于180°时,半径为正;当圆弧圆心角大于180°时,半径为负。

②"终点坐标+圆弧半径"格式不能编制整圆零件加工。

③"终点坐标+圆心坐标"格式不仅可用于加工一般圆弧,还可用于整圆加工。

④"终点坐标+圆心坐标"格式中不管是用G90还是用G91指令,I、J 均表示圆弧圆心相对于圆弧起点的增量值。

如图2-2-3所示,圆弧起点 $A(30,85)$,终点 $B(100,44)$,圆心 $O(49,37)$,加工程序为"G17 G02 X100 Y44 I19 J-48 F60;"。

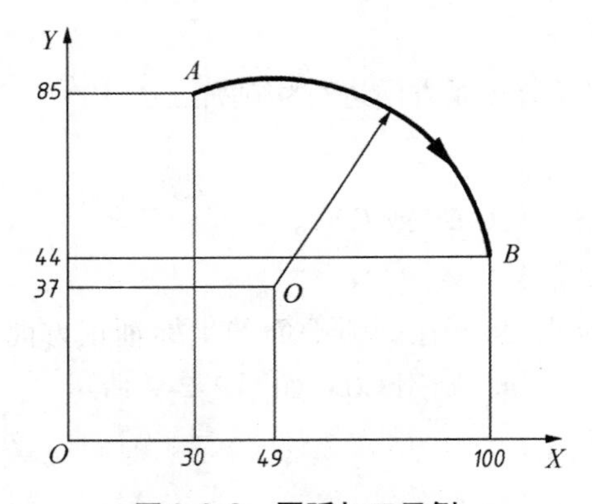

图2-2-3 圆弧加工示例

如图2-2-4所示,加工整圆,刀具起点在 A 点,逆时针加工。加工程序为"G17 G03 X35 Y60 I35 J0 F50;"。

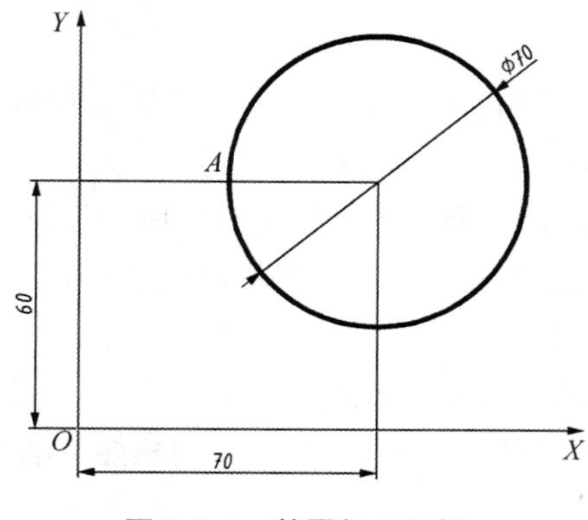

图 2-2-4　整圆加工示例

3. 刀具半径补偿指令(G41/G42)

(1) 指令功能

使刀具在所选择的平面内向左或向右置一个半径值，编程时只需按零件轮廓编程，不需要计算刀具中心运动轨迹，从而方便、简化计算和程序编制。

(2) 指令代码

G41：刀具半径左补偿。

G42：刀具半径右补偿。

G40：取消刀具半径补偿。

(3) 指令格式

```
G0/G1 G41(G42) X__  Y__  D__  (F__);      建立刀具半径左(右)补偿
G0/G1 G40 X__  Y__  (F__);                取消刀具半径补偿
```

其中，X、Y 为建立刀具半径补偿（或取消刀具半径补偿）时目标点坐标，D 为刀具半径补偿号，F 为 G1 建立刀补时的进给速度。

刀具半径左补偿、右补偿方向判别：在补偿平面内，沿着刀具进给方向看，刀具在轮廓左边用左补偿，刀具在轮廓右边用右补偿，如图 2-2-5 所示。

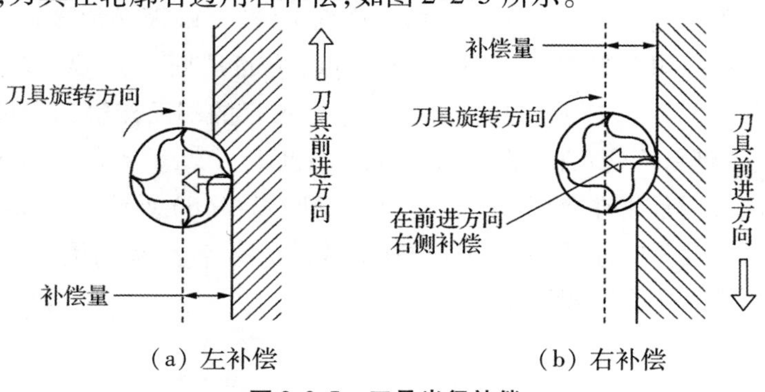

图 2-2-5　刀具半径补偿

(4) 指令使用说明

① 建立补偿时,刀具以直线运动方式接近工件轮廓,并沿切线方向切入工件。正确选择起始点,才能保证刀具运行时不发生碰撞。

② 使用刀具半径补偿。建立刀具半径补偿指令后,刀具在运行中始终按偏离一个刀具半径值进行移动。系统在进入补偿(G41/G42)状态时不得变换补偿平面(如从G17平面、G18平面),否则会发生报警。

③ 刀具半径补偿的取消。用G40取消刀具半径补偿,此状态也是编程开始所处的状态。必须在直线移动命令中才能取消补偿运行,否则只能取消补偿状态。

4. 深度游标卡尺

深度游标卡尺用于测量凹槽或孔的深度,梯形工件的梯层高度、长度等尺寸,平常被简称为"深度尺"。

(1) 使用方法

深度游标卡尺如图2-2-6所示,用于测量零件的深度尺寸或台阶高低和槽的深度。如测量内孔深度时应把基座的端面紧靠在被测孔的端面上,使尺身与被测孔的中心线平行,伸入尺身,则尺身端面至基座端面之间的距离就是被测零件的深度尺寸。它的读数方法和游标卡尺完全一样。

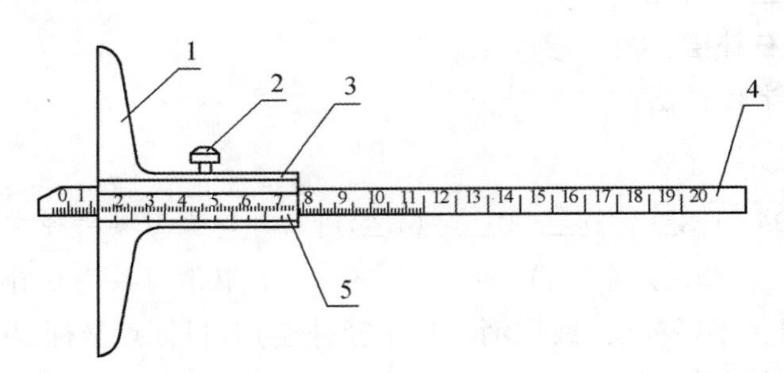

1—测量基座;2—紧固螺钉;3—尺框;4—尺身;5—游标

图2-2-6　深度游标卡尺

测量时,先把测量基座轻轻压在工件的基准面上,两个端面必须接触工件的基准面,如图2-2-7(a)所示。测量轴类等台阶时,测量基座的端面一定要压紧在基准面,如图2-2-7(b)和图2-2-7(c)所示,再移动尺身,直到尺身的端面接触到工件的量面(台阶面)上,然后用紧固螺钉固定尺框,提起卡尺,读出深度尺寸。多台阶小直径的内孔深度测量,要注意尺身的端面是否在要测量的台阶上,如图2-2-7(d)所示。当基准面是曲线时,如图2-2-7(e)所示,测量基座的端面必须放在曲线的最高点上,此时测量出的深度尺寸才是工件的实际尺寸,否则会出现测量误差。

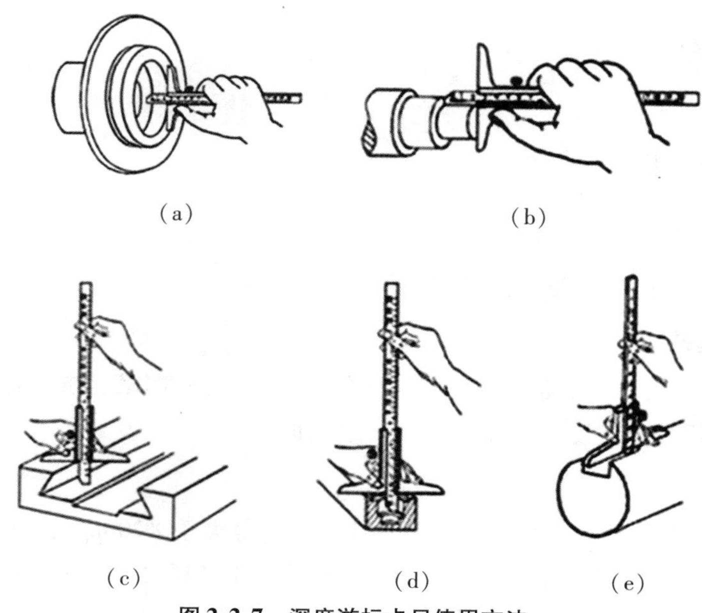

图 2-2-7　深度游标卡尺使用方法

（2）使用注意事项

① 测量前，应将被测量表面擦干净，以免灰尘、杂质磨损量具。

② 卡尺的测量基座和尺身端面应垂直于被测工件表面并贴合紧密，不得歪斜，否则会造成测量结果不准。

③ 应在足够的光线下读数，两眼的视线与卡尺的刻线表面垂直，以减小读数误差。

④ 在机床上测量零件时，要等零件完全停稳后进行，否则不但会使量具的测量面过早磨损而失去精度，而且会造成事故。

⑤ 测量沟槽深度或当其他基准面是曲线时，测量基座的端面必须放在曲线的最高点上，此时测量结果才是工件的实际尺寸，否则会出现测量误差。

⑥ 用深度游标卡尺测量零件时，不允许过分地施加压力，所用压力应使测量基座刚好接触零件基准表面，尺身刚好接触测量平面。如果测量压力过大，不但会使尺身弯曲或基座磨损，还会使测得的尺寸不准确。

⑦ 为减小测量误差，应适当增加测量次数，并取其平均值，即在零件的同一基准面上的不同方向进行测量。

⑧ 测量温度要适宜，刚加工完的工件由于温度较高不能马上测量，须等工件冷却至室温后进行，否则测量误差太大。

▶▶ 项目实施

1. 加工工艺分析

(1) 工具选择

工件采用平口钳装夹、试切法对刀。

(2) 量具选择

轮廓尺寸用游标卡尺测量,深度尺寸用深度游标卡尺测量,表面质量用表面粗糙度比较样块检测,另用百分表校正平口钳及工件上表面。

(3) 刀具选择

四个圆弧轮廓直径为 ϕ20mm,所选铣刀直径不得大于 ϕ20mm,此任务选用直径为 ϕ16mm 的铣刀。粗加工用键槽铣刀铣削,精加工用立铣刀侧面下刀铣平面。工件材料为硬铝,铣刀材料用普通高速钢铣刀即可。

2. 加工工艺方案确定

(1) 选择加工工艺路线

① 选择切入、切出方式。

铣削平面外轮廓零件时,一般采用立铣刀侧刃进行切削。由于主轴系统和刀具刚性变化,当铣刀沿工件轮廓切向切入工件时,也会在切入处产生刀痕。为了减少刀痕,切入、切出时可沿零件外轮廓曲线延长线的切线方向切入、切出工件,如图 2-2-8 所示。

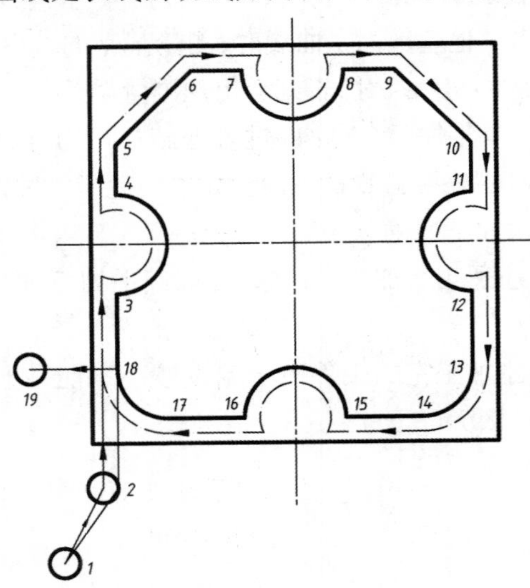

图 2-2-8　切入与切出

② 选择铣削方向。

如图 2-2-9 所示为铣刀沿工件轮廓顺时针方向铣削时，铣刀旋转方向与工件进给方向一致，称为顺铣；如图 2-2-10 所示为铣刀沿工件轮廓逆时针方向铣削时，铣刀旋转方向与工件进给方向相反，称为逆铣。一般情况下尽可能采用顺铣，即外轮廓铣削时宜采用沿工件顺时针方向铣削。

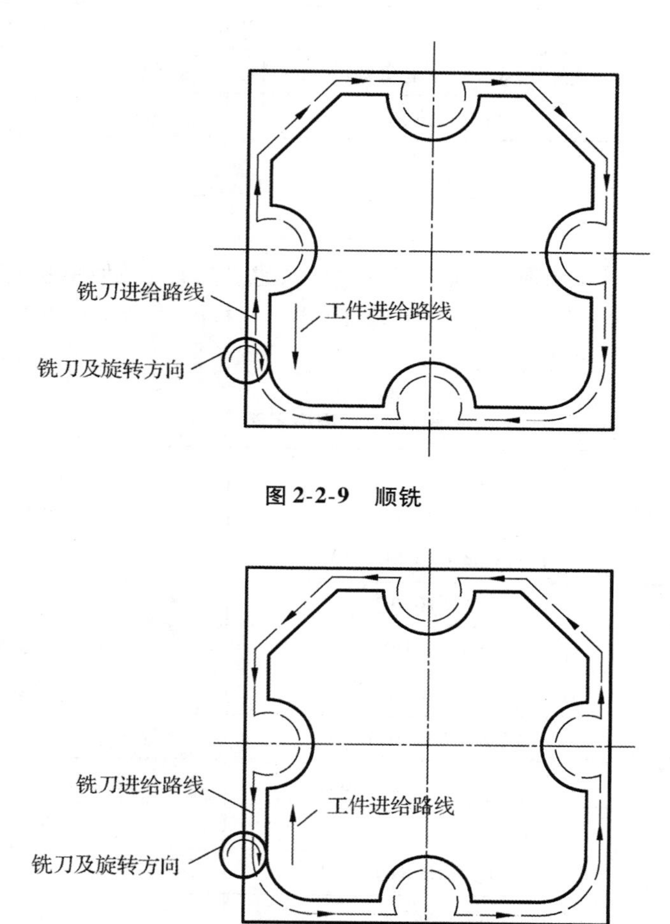

图 2-2-9　顺铣

图 2-2-10　逆铣

③ 确定铣削路线。

刀具由 1 点运行至 2 点（轨迹的延长线上），建立刀具半径补偿，然后按 3→4→5→…→17→18 的顺序铣削加工。切出时由 18 点插补到 19 点取刀具半径补偿，如图 2-2-8 所示。

加工中，用键槽铣刀粗加工，立铣刀精加工，手动铣削剩余岛屿材料或编程铣削剩余岛屿材料。精加工（轮廓）余量用刀具半径补偿控制；精加工尺寸精度由调试参数值控制。

(2) 选择合理切削用量

加工材料为硬铝,硬度低,切削力较小,粗铣深度除留精铣余量外,一刀切完;切削速度选择较高,进给速度为 50~80mm/min,具体见表 2-2-1。

表 2-2-1 铣削外轮廓合理切削用量

刀具	工作内容	进给速度/(mm/min)	主轴转速/(r/min)
高速钢键槽铣刀(T1)	粗铣外轮廓留精加工余量 0.3mm	70	800
高速钢立铣刀(T2)	精铣外轮廓	60	1000

3. 参考程序编制

根据工件坐标系建立原则,本项目工件坐标系建立在工件几何中心上较为合适。加工中采用刀具半径补偿功能,故只需计算工件轮廓上基点坐标即可,无需计算刀心轨迹及坐标。

精铣外轮廓参考程序见表 2-2-2。

表 2-2-2 程序示例

程序段号	程序内容	动作说明
N1	O0002;	程序名
N5	G90 G54 G00 X0 Y0;	建立工件坐标系
N10	M03 S1000;	主轴正转
N20	G43 Z100 H02;	建立刀具高度补偿
N30	X-40 Y-60;	快速移动至 1 点
N40	G01 Z-2 F60;F60;	下刀
N50	G41 X-35 Y-50 D02;	建立刀具半径左补偿
N60	Y-10;	直线加工至 3 点
N70	G03 Y10 R10;	圆弧加工至 4 点
N80	G01 Y20;	直线加工至 5 点
N90	X-20 Y35;	直线加工至 6 点
N100	X-10;	直线加工至 7 点
N110	G03 X10 Y35 R10;	圆弧加工至 8 点
N120	G01 X20;	直线加工至 9 点
N130	X35 Y20;	直线加工至 10 点
N140	Y10;	直线加工至 11 点
N150	G03 X35 Y-10 R10;	圆弧加工至 12 点
N160	G01 Y-25;	直线加工至 13 点

续表

程序段号	程序内容	动作说明
N170	G02 X25 Y－35 R10；	圆弧加工至 14 点
N180	G01 X10；	直线加工至 15 点
N190	G03 X－10 R10；	圆弧加工至 16 点
N200	G01 X－25；	直线加工至 17 点
N210	G02 X－35 Y－25 R10；	圆弧加工至 18 点
N220	G01 G40 X－60；	取消半径补偿到 19 点
N230	G00 Z100；	抬刀
N240	M05；	主轴停转
N250	M30；	程序结束

项目总结

- 编程时采用刀具半径补偿指令，加工前应设置好机床中半径补偿值，否则刀具将不按半径补偿加工。
- 对平面外轮廓铣削编程时，通常采用圆弧切入、切出方式，或者刀具沿轮廓切线方向切入、切出，以保证轮廓侧面的表面质量。
- 编程时尽量采用顺铣方式，以提高表面质量。

拓展练习

针对如图 2-2-11 所示的零件，试编写加工程序。

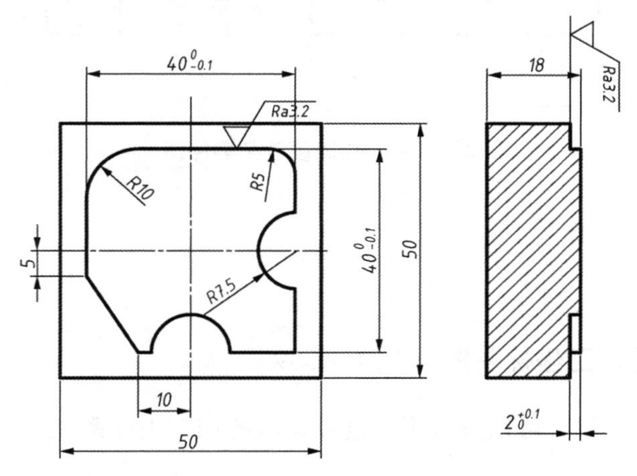

图 2-2-11　外轮廓铣削练习图

项目三　平面内轮廓的铣削加工

▶▶ 项目目标

- 了解选择加工坐标系指令 G54 ~ G59 的含义。
- 掌握刀具长度补偿指令的使用方法。
- 掌握内轮廓铣削的切入、切出方式。
- 掌握内轮廓铣削加工刀具及切削用量的选择方法。
- 会用 CAD 软件查找基点坐标。
- 掌握平面内轮廓铣削的编程方法。

▶▶ 项目任务

完成如图 2-3-1 所示的零件,零件材料为硬铝。

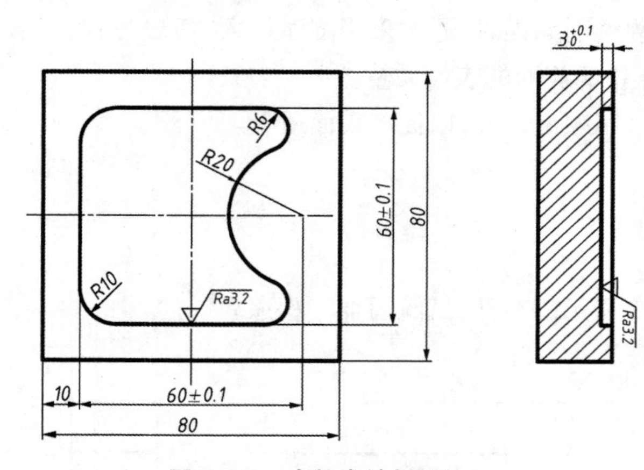

图 2-3-1　内轮廓铣削零件图

▶▶ 相关知识

1. 选择 1 ~ 6 号加工坐标系指令 G54 ~ G59

利用 G54 ~ G59 指令,可以分别用来选择相应的加工坐标系。

编程格式:

G54 G90 G00(G01) X__ Y__ Z__ (F__);

执行该指令后,所有坐标值指定的坐标尺寸都是选定的加工坐标系中的位置。1 ~ 6号加工坐标系是通过 CRT/MDI 方式设置的。

G54 ~ G59 指令是通过 MDI 在设置参数方式下设定工件加工坐标系的,一旦设定,加工原点在机床坐标系中的位置不变。它与刀具的当前位置无关,除非再通过 MDI 方式修改。

2. 刀具长度补偿指令

通常在数控铣床(加工中心)上加工一个工件要使用多把刀具,由于每把刀具长度不同,所以每次换刀后,刀具在 Z 方向移动时,需要对刀具进行长度补偿,让不同长度的刀具在编程时 Z 方向坐标统一。

指令格式:

```
G43 G00(G01) Z__  H__;
G44 G00(G01) Z__  H__;
G49 或 H0;
```

说明:

(1) G43 指令为刀具长度正补偿,G44 指令为刀具长度负补偿,G49 指令为取消刀具长度补偿。

(2) 刀具长度补偿指刀具在 Z 方向的实际位移比程序给定值增加或减少一个偏置值。

(3) 格式中的 Z 值是指程序中的指令值。

(4) FANUC 系统中 G43 和 G44 是模态 G 代码。它们一直有效,直到指定同组的 G 代码为止。

(5) FANUC 系统中 H 代码为刀具长度补偿值的存储器地址,H00 ~ H99 共 100 个,补偿量用 MDI 方式输入,补偿量与偏置号一一对应。

(6) FANUC 系统中用 H0 可替代 G49 指令,作为取消刀具长度补偿。

项目实施

1. 加工工艺分析

(1) 工具选择

工件采用平口钳装夹、试切法对刀。

(2) 量具选择

轮廓尺寸用游标卡尺测量,深度尺寸用深度游标卡尺测量,表面质量用表面粗糙度比较样块检测,另用百分表校正平口钳及工件上表面。

(3) 刀具选择

铣内轮廓刀具半径必须小于内轮廓最小圆弧半径,否则将无法加工出内轮廓圆弧。本任务内轮廓最小圆弧半径为 R6mm,故所选铣刀直径不得大于 ϕ12mm,此处选用直径为 ϕ10mm 的铣刀。粗加工用键槽铣刀铣削;精加工用能垂直下刀的立铣刀或用槽铣刀替代。加工材料为硬铝,铣刀材料用普通高速钢即可。

2. 加工工艺方案确定

(1) 选择加工工艺路线

① 选择切入、切出方式。

铣削封闭内轮廓表面时,刀具无法沿轮廓线的延长线方向切入、切出,只有沿法线方向切入、切出或沿圆弧切入、切出。本项目选择法线方向切入和切出,此种情况下切入、切出点应选在零件轮廓两几何要素的交点上,而且进给过程中要避免停顿。

② 确定铣削方向。

铣刀沿内轮廓逆时针方向铣削时,铣刀旋转方向与工件进给运动方向一致为顺铣,如图 2-3-2 所示。铣刀沿内轮廓顺时针方向铣削时,铣刀旋转方向与工件进给运动方向相反为逆铣,如图 2-3-3 所示。一般尽可能采用顺铣,即在铣内轮廓时采用沿轮廓逆时针的铣削方向为好。

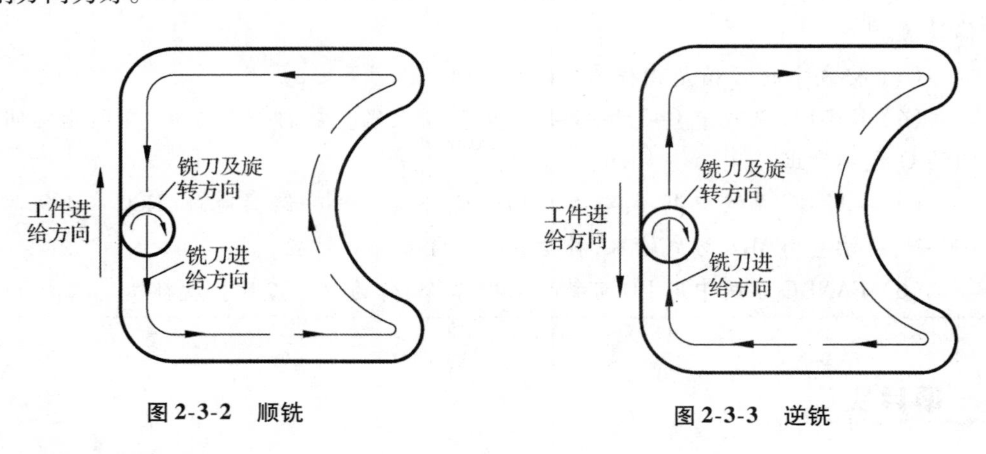

图 2-3-2 顺铣　　图 2-3-3 逆铣

③ 确定进给路线。

内轮廓的进给路线有行切、环切和综合切削三种切削方法。如图 2-3-4 所示为行切法;如图 2-3-5 所示为环切法;综合切削法是先行切后环切。行切与环切进给路线都能切净内轮廓中的全部面积,不留死角,不伤轮廓,同时能尽量减少重复进给的搭接量。不同点是行切法的进给路线比环切法短,但行切法在每两次进给的起点与终点间留下残留面,达不到所要求的表面粗糙度。用环切法获得的表面粗糙度要好于行切法,但环切法需逐次向外扩展轮廓线,刀位点计算复杂,刀具路径长。加工中可结合行切、环切的优点,采用综合切削法:先用行切法去除中间部分余量,然后用环切法加工内轮廓表面,既可缩短进刀路线,又能获得较好的表面质量。

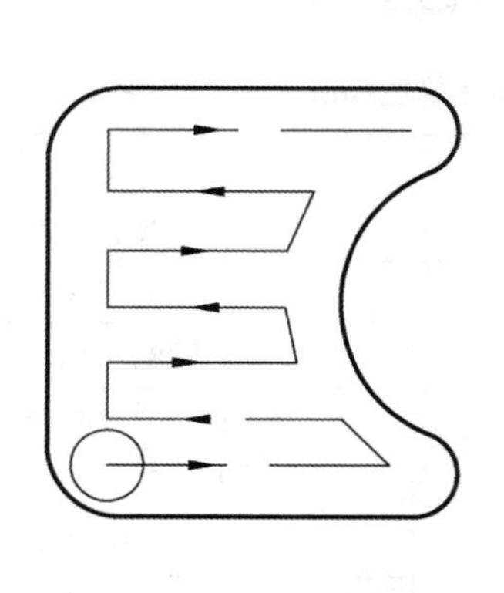

图 2-3-4 行切法

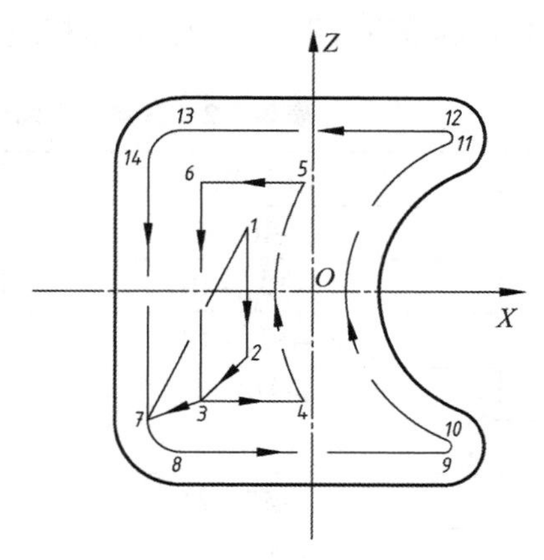

图 2-3-5 环切法

本任务由于内轮廓余量不多,选择环切法并由里向外加工,加工中行距取刀具直径的50% ~90%,加工路线如图 2-3-5 所示。

刀具由 1→2→3→4→5→6→3→7→8→9→10→11→12→13→14→7→1 的顺序按环切方式进行加工,刀具从点 3 运行至点 7 时建立刀具半径补偿,加工结束时刀具从点 7 运行至点 1 过程中取消刀具半径补偿。

(2) 合理选择切削用量

加工材料为硬铝,切削力较小,先用行切法粗铣去余量,后精加工型腔;切削速度可较高,进给速度为 50 ~80mm/min,垂直进给速度较小,具体见表 2-3-1。

表 2-3-1 粗、精铣切削用量选择

刀具	工作内容	进给速度/(mm/min)	主轴转速/(r/min)
高速钢键槽铣刀(T1)	粗铣内轮廓留 0.3mm 精加工余量	70	1000
高速钢立铣刀(T2)	精铣内轮廓	60	1200

3. 参考程序编制

(1) 建立工件坐标系

根据工件坐标系建立原则,本项目工件坐标系建立在工件几何心上较为合适,*Z* 零点设置在工件上表面,如图 2-3-5 所示。

(2) 计算基点坐标

本项目不仅要计算基点 7、8、9、10、11、12、13、14 等坐标,还要计算环切余量时 1、2、3、4、5、6 点坐标。其中,点 1、2、3、4、5、6、9、10、11、12 坐标不易计算,可采用 CAD 软件查找点坐标的方法,具体做法是:在二维 CAD 软件(如 AutoCAD 或 CAXA 电子图板)中画出内轮廓图形（注意工件坐标系与 CAD 软件坐标系一致，坐标原点重合），然后把鼠标坐标放置在各点上，软件屏幕下方即显示出该点坐标或用软件查询工具查找各点坐标，见表 2-3-2。

表 2-3-2　基点及环切时各点坐标(单位:mm)

基点	坐标(X,Y)	基点	坐标(X,Y)
1	(－10,10)	8	(－20,－30)
2	(－10,－10)	9	(20,－30)
3	(－17,－17)	10	(22.308,－18.462)
4	(－1.716,－17)	11	(22.308,18.462)
5	(－1.716,17)	12	(20,30)
6	(－17,17)	13	(－20,30)
7	(－30,－20)	14	(－30,20)

(3) 编写参考程序

如表 2-3-3 所示为精铣内轮廓参考程序。

表 2-3-3　程序示例

程序段号	程序内容	动作说明
N1	O0002;	程序名
N5	G90 G54 G00 X0 Y0;	建立工件坐标系
N10	M03 S1000;	主轴正转
N20	G43 Z100 H02;	建立刀具高度补偿
N30	X－10 Y10;	快速移动至 1 点上方
N40	G01 Z－3 F50;F60;	下刀
N50	Y－10 F70;	从 1 点直线加工至 2 点
N60	X－17 Y－17;	直线加工至 3 点
N70	X－1.716;	直线加工至 4 点
N80	G02 Y17 R35;	圆弧加工至 5 点
N90	G01 X－17;	直线加工至 6 点
N100	Y－17;	直线加工至 3 点
N110	G41 X－30 Y－20 D02;	建立半径补偿至 7 点
N120	G03 X－20 Y－30 R10;	圆弧加工至 8 点
N130	G01 X20;	直线加工至 9 点
N140	G03 X22.308 Y－18.462 R6;	圆弧加工至 10 点
N150	G02 Y18.462 R20;	圆弧加工至 11 点
N160	G03 X20 Y30 R6;	圆弧加工至 12 点
N170	G01 X－20 Y30;	直线加工至 13 点

续表

程序段号	程序内容	动作说明
N180	G03 X－30 Y20 R10；	圆弧加工至14点
N190	G01 Y－20；	直线加工至7点
N200	G40 X－10 Y10；	取消半径补偿到1点
N210	G00 Z100；	抬刀
N220	M05；	主轴停转
N230	M30；	程序结束

▶▶ 项目总结

● 编写内轮廓程序时，刀具半径必须小于工件内轮廓凹圆弧最小半径，否则无法加工出内轮廓圆弧。机床中半径参数设置也不能大于内轮廓圆弧半径，否则会发生报警。

● 编写内轮廓程序时尽可能采用顺铣，以提高表面质量。

● 编写平面内轮廓程序时尽可能采用行切、环切相结合的路线，并从里往外加工，既可缩短削时间，又可保证加工表面质量。

● 编写封闭的内轮廓程序时，若内轮廓曲线允许外延，则应沿切线方向切入和切出；若轮廓曲线不允许外延，则刀具只能沿内轮廓曲线的法向切入和切出，并将其切入、切出点选在零件轮廓两几何元素的交点处。

▶▶ 拓展练习

编写如图2-3-6所示零件的加工程序（用CAD软件查找各点坐标）。

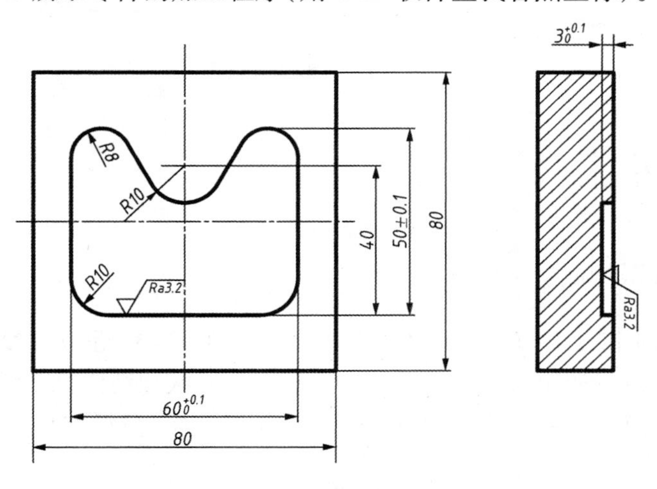

图2-3-6　内轮廓零件练习图

项目四 键槽的铣削加工

▶▶ 项目目标

- 了解局部坐标系的概念。
- 掌握子程序编程的方法。
- 掌握坐标系旋转指令的使用方法。
- 掌握键槽加工工艺制定方法。

▶▶ 项目任务

完成如图 2-4-1 所示的零件,零件材料为硬铝。

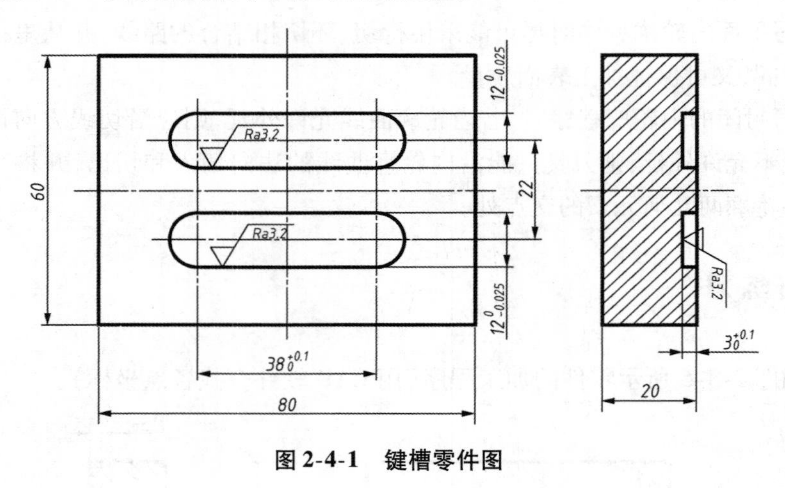

图 2-4-1 键槽零件图

▶▶ 相关知识

1. 局部坐标系的概念

如果工件在不同位置有重复出现的形状或结构,对这部分形状或结构编写成子程序,主程序在适当的位置调用、运行,即可加工出相同的形状和结构,从而简化编程。而编写子程序时不可能用工件坐标系,必须重新建立一个子程序的坐标系,这种在工件坐标系中建立的子坐标系称为局部坐标系。

2. 子程序

(1) 子程序的功能

对经常需要进行重复加工的轮廓形状或零件上有相同形状轮廓,并能用相同的程序指令铣削加工,则不需要反复编写这些语句,而将其独立为一个加工程序,应用时在程序适当的位置进行调用、运行即可。原则上子程序和主程序之间没有区别。主程序可以在适当位置调用子程序,子程序还可以再调用其他子程序,称为子程序的嵌套,如图 2-4-2 所示。

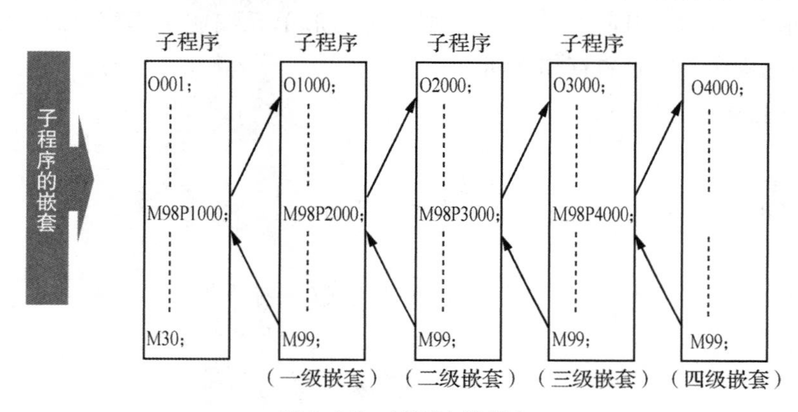

图 2-4-2 子程序的嵌套

(2) 调用子程序 M98

编程格式:M98 P <u>××××</u> <u>××××</u>;P 后面跟子程序被重复调用次数及子程序名。若调用次数为 1,可省略不写。例如:

```
N20 M98 P2233;     调用子程序“O2233”1 次
N40 M98 P3113 3;   重复调用子程序“O1133”3 次
```

(3) 子程序的格式

```
O(或:)××××;
…
M99;
```

说明 O(或:)××××为子程序名,M99 表示子程序结束并返回。

(4) 子程序使用说明

① 主程序调用子程序,子程序还可再调用其他子程序,一般程序嵌套深度为三层,也就是有四个程序界面(包括主程序界面)。注意:固定循环是子程序的一种特殊形式,也属于四个程序界面中的一个。

② 子程序可以重复调用,最多 999 次。

③ 在子程序中可以改变模态有效的 G 功能,比如 G90 ~ G91 的变换。在返回调用程序时,注意检查一下所有模态有效的功能指令,并按照要求进行调整。

3. 坐标系旋转指令

(1) 指令功能

将坐标系旋转一个角度,使刀具在旋转后的坐标系中运行。例如,在机床上,当工件的加工位置由编程的位置旋转相同的角度时,可使用旋转指令修改一个程序。更进一步,如果工件的形状由许多相同的图形组成,则可将图形单元编成子程序,然后用主程序调用,这样可简化程序,省时、省存储空间。

(2) 指令格式

```
G17
G18   G68 α__  β__  R__;   坐标系旋转开始
G19
:                          坐标系旋转模式(坐标系被旋转)
:
G69;                       取消坐标系旋转
```

说明:

(1) G17(G18 或 G19):选择坐标系所在的平面。

(2) α__ β__:相应的 X、Y、Z 中的两个绝对坐标作旋转中心。

(3) R__:以某点为旋转中心旋转 R 角度,逆时针为正、顺时针为负。

(3) 指令使用说明

① 选择平面的 G 码(G17、G18 或 G19),可以在包含有坐标系旋转的 G 码(G68)的单节前指定。G17、G18 或 G19 不能在坐标系旋转模式下指定。

② 作为增量位置指令,在 G68 单节和绝对指令之间指定;它被认为是指定 G68 旋转中心的位置。

③ 当省略 X__和 Y__时,指定 G68 时的位置被设定为旋转中心。

④ 当省略旋转角度时,设定在参数 5410 的值被认为是旋转角度。取消旋转坐标系使用 G69 指令。

⑤ G69 可以指定在其他指令的同一单节中,例如刀具半径补偿、刀长补正或刀具偏置在旋转后的坐标系中执行。

例 加工如图 2-4-3 所示的图形,在工件坐标系 XOY 中,A、B、C、D、E 等基点坐标不易求解,用坐标轴偏转指令把工件坐标系偏转 35°至 $X'O'Y'$,在 $X'O'Y'$ 当前坐标系中,基点坐标便很容易求出,编程也方便,程序见表 2-4-1。

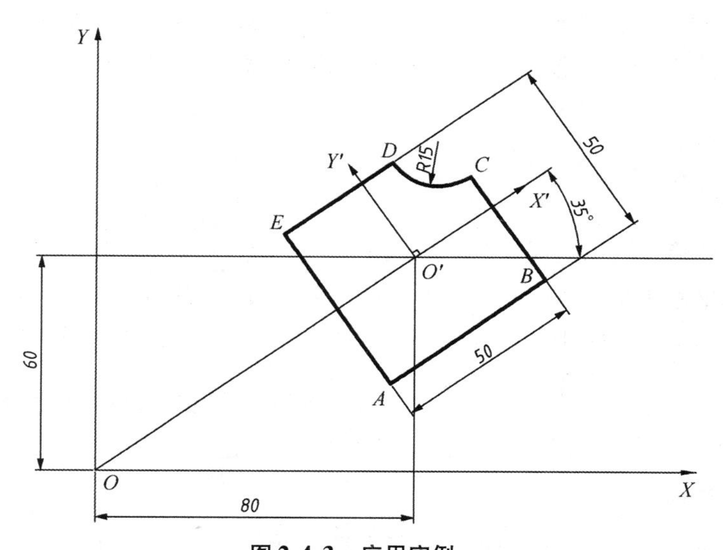

图 2-4-3 应用实例

表 2-4-1 应用实例参考程序

程序段号	程序内容	动作说明
N1	O0001;	程序名
N5	G90 G54 G00 X0 Y0;	建立工件坐标系 *XOY*
N10	M03 S1000;	主轴正转
N20	G43 Z10 H01;	建立刀具高度补偿
N30	G68 X80 Y60 R35;	旋转至 *X'O'Y'* 位置
N40	G00 X－25 Y－25;	刀具移动到当前坐标系 *A* 点
N50	G01 Z－2 F50;	下刀
N60	X25;	直线加工至 *B* 点
N70	Y10;	直线加工至 *C* 点
N80	G02 X10 Y25 R15;	圆弧加工至 *D* 点
N90	G01 X－25;	直线加工至 *E* 点
N100	Y－25;	直线加工至 *A* 点
N110	G00 Z10;	抬刀
N120	G69;	取消坐标系旋转
N130	G00 X0 Y0;	刀具移动到工件坐标系 *X0Y0*
N140	M05;	主轴停转
N150	M30;	程序结束

▶▶ 项目实施

1. 加工工艺分析

(1) 工具选择

工件采用平口钳装夹、试切法对刀。

(2) 量具选择

槽宽尺寸用游标卡尺测量,槽深尺寸用深度游标卡尺测量,表面质量用表面粗糙度比较样块检测,另用百分表校正平口钳及工件上表面。

(3) 刀具选择

选择刀具时主要应考虑凹槽拐角圆弧半径值大小,本项目最小圆弧半径为 R6mm,所选铣刀直径应小于 ϕ12mm,此处选 ϕ10mm;粗加工用键槽铣刀铣削,精加工用能垂直下刀的立铣刀或用键槽铣刀替代。加工材料为硬铝,铣刀材料用普通高速钢即可。

2. 加工工艺方案确定

(1) 选择加工工艺路线

两个槽的尺寸完全一样,可编写一个子程序,调用 2 次。分别编写粗、精加工的子程序,加工时分别调用。工件坐标系建立在槽的几何中心上,分别用 G54、G55 指令来设定,主程序分别调用两个子程序来加工键槽。其中单个槽加工工艺如下。

① 圆弧切入、切出。

键槽铣削加工一般不宜直接采用刀具直径控制槽侧尺寸,应该沿着轮廓加工。铣削槽内侧表面时,如果切入和切出无法外延,切入与切出应尽量采用圆弧过渡。一般可以将槽中心或重要圆弧圆心作为下刀点。如图 2-4-4 所示为加工键槽使用刀具半径补偿后再设置圆弧切入、切出路径。

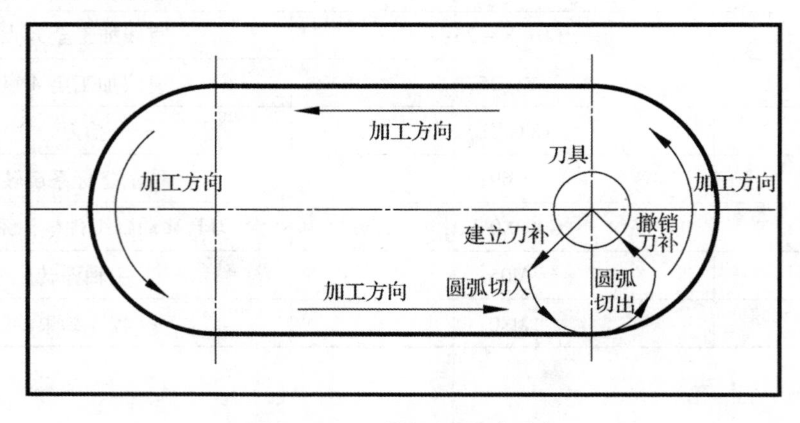

图 2-4-4 刀具切入、切出路径

② 确定铣削方向。

与内轮廓加工一样，由于顺铣时切削厚度由厚变薄，不存在刀齿滑行，刀具磨损少，表面质量较高，故一般都采用顺铣方式。当铣刀沿槽轮廓逆时针方向铣削时，刀具旋转方向与工件进给方向一致为顺铣，如图 2-4-4 所示。

③ 确定铣削路径。

铣削凹槽时仍采用行切和环切相结合的方式进行铣削，以保证能完全切除槽中余量。本项目由于凹槽宽度较小，铣刀沿轮廓加工一圈即可把槽中余量全部切除，故不需采用行切方式切除槽中多余余量。对于每一个槽，根据其尺寸精度、表面粗糙度要求，分为粗、精两道加工路线；粗加工时，留 0.3mm 左右精加工余量，再精加工至所需尺寸。

（2）合理选择切削用量

加工材料为硬铝，粗铣铣削深度除留精铣余量，其余一刀切完。切削速度可较高，进给速度选择 50～80mm/min，具体见表 2-4-2。

表 2-4-2　粗、精铣削用量

刀具	工作内容	进给速度/（mm/min）	主轴转速/（r/min）
高速钢键槽铣刀（T1）	粗铣凹槽留 0.3mm 精加工余量	70	1000
高速钢立铣刀（T2）	精铣凹槽	60	1200

3. 参考程序编制

在键槽几何中心处分别建立 G54、G55 两个工件坐标系，Z 零点设置在工件上表面，如图 2-4-5 所示。

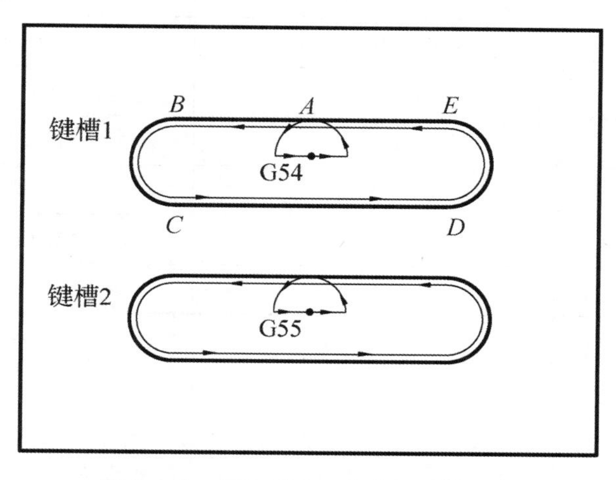

图 2-4-5　G54、G55 工件坐标系的设定

精加工程序见表 2-4-3。

表 2-4-3 程序示例

主程序		
程序段号	程序内容	动作说明
N1	O0002；	程序名
N5	G90 G54 G00 X0 Y0；	选择 G54 坐标系加工槽 1
N10	M03 S1200；	主轴正转
N20	G43 Z10 H02；	建立刀具高度补偿
N30	M98 P0010；	调用子程序精加工槽 1
N40	G55 X0 Y0；	选择 G55 坐标系加工槽 2
N50	M98 P0010；	调用子程序精加工槽 2
N60	M05；	主轴停转
N70	M30；	程序结束
子程序		
程序段号	程序内容	动作说明
N10	O0010；	子程序名
N20	G01Z－3 F50；	下刀
N30	G41 X5 Y1 D01 F60；	建立刀具半径补偿
N40	G03 X0 Y6 R5；	圆弧切入
N50	G01 X－19；	直线加工至 *B* 点
N60	G03 Y－6 R6；	圆弧加工至 *C* 点
N70	G01 X19；	直线加工至 *D* 点
N80	G03 Y6 R6；	圆弧加工至 *E* 点
N90	G01 X0；	直线加工至 *A* 点
N100	G03 X－5 Y1 R5；	圆弧切出
N110	G40 G01 X0 Y0；	取消刀具半径补偿
N120	G00 Z10；	抬刀

▶▶ 项目总结

- 对凹槽进行编程时，选用的刀具直径要小于槽最小圆弧直径。
- 建立刀具补偿和取消补偿的直线进给长度一定要大于刀具半径值，否则会发生报警。

- 为保证槽内侧壁的表面粗糙度，刀具尽量圆弧切入、切出。

▶▶ 拓展练习

如图 2-4-6 所示，零件上有 4 个形状、尺寸相同的方槽，槽深为 2mm，槽宽为 10mm，试编写加工程序（要求要调用子程序）。

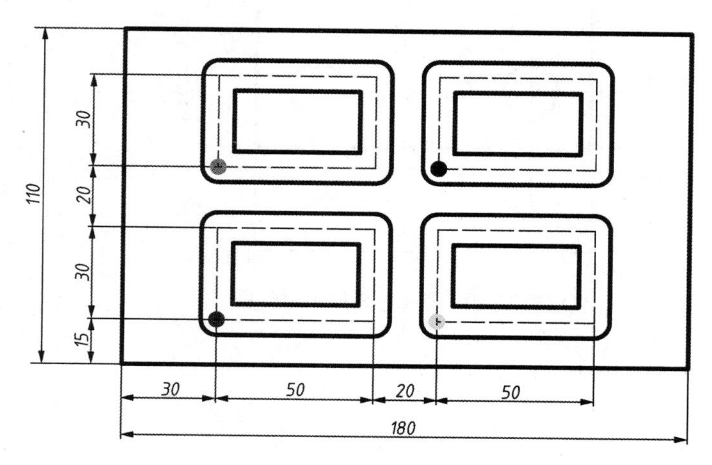

图 2-4-6　拓展练习图

项目五　孔的铣削加工

▶▶ 项目目标

- 了解孔的类型及加工方法。
- 了解麻花钻、钻孔工艺及工艺参数的选择方法。
- 掌握孔加工固定循环指令的用法。
- 了解铰刀的形状、结构和种类。
- 掌握铰削工艺参数选择及铰削编程方法。
- 掌握内孔光滑塞规的使用方法。

▶▶ 项目任务

完成如图 2-5-1 所示的零件中四个孔的钻削及铰削编程，材料为硬铝，毛坯尺寸为 50mm × 50mm × 20mm。

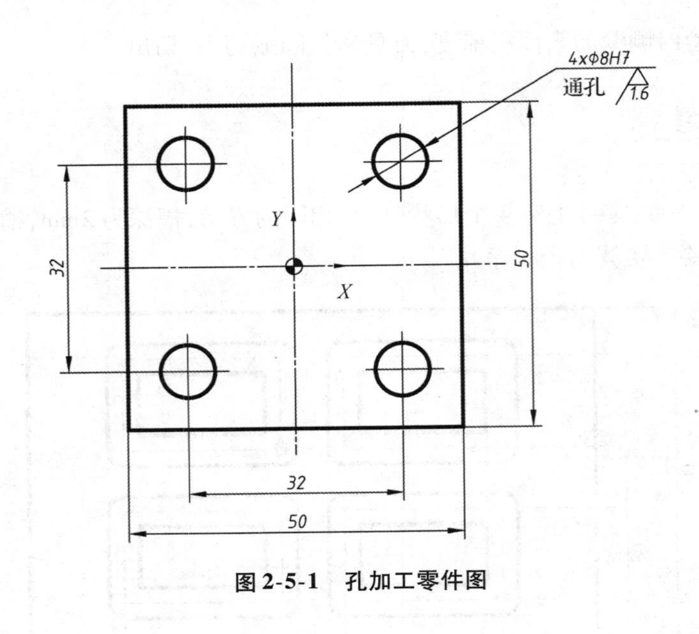

图 2-5-1 孔加工零件图

▶▶ 相关知识

1. 孔加工固定循环的运动与动作

以立式数控机床加工为例，孔加工固定循环通常由以下 6 个动作组成，如图 2-5-2 所示。

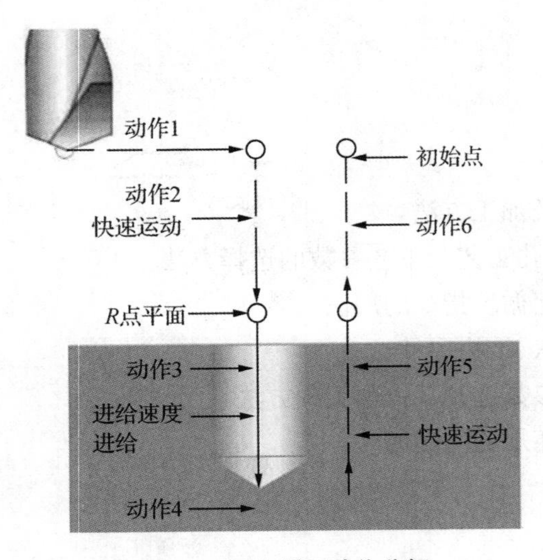

图 2-5-2 固定循环动作分解

动作 1——X 轴和 Y 轴定位，刀具快速定位到要加工孔的中心位置上方。

动作 2——刀具自初始点快速进给到 R 点平面（安全高度平面）。

动作 3——孔加工，以切削进给方式执行孔加工的动作。

动作 4——在孔底的动作，包括暂停、主轴准停、刀具移位等动作。

动作 5——返回到 R 点平面或者初始平面。

动作 6——R 点快速返回到初始点。

关于孔加工固定循环的几点说明：

① 初始平面。初始平面是为安全进刀切削而规定的一个平面。初始平面是开始执行固定循环时刀位点的轴向位置。初始平面到零件表面的距离可以任意设定在一个安全的高度上（一般是工件上表面 100mm）。当使用同一把刀具加工若干孔时，只有孔间存在障碍需要跳跃或全部孔加工完成时，才使用 G98，使刀具返回初始平面。

② 参考平面。参考平面又叫 R 点平面，这个平面是刀具进刀切削时由快进转为工进的高度平面，距工件表面的距离（这个距离叫引入距离）主要考虑工件表面尺寸的变化，一般可取 2 ~ 5mm。使用 G99 时，刀具将返回到该平面的 R 点。在已加工表面上钻孔、镗孔、铰孔时，引入距离为 1 ~ 3mm（或 2 ~ 5mm），而在毛坯上钻孔、镗孔、铰孔时，引入距离为 5 ~ 8mm，攻螺纹、铣削时，引入距离为 5 ~ 10mm。编程时，根据零件、机床的具体情况选取。

③ 孔加工时，根据孔的深度，可以一次加工到孔底，或分段加工到孔底，又叫间歇进给。加工到孔底后，根据情况还要考虑超越距离。例如，钻头刃角 118°，轴向超越距离约为 1 ~ 2mm；丝锥、镗刀等根据刀具情况决定超越距离。

④ 孔底动作。根据孔的不同，孔底动作也不同。有的不需孔底动作；有的需暂停动作，以保证平底；有的需主轴反转（变向）；有的需主轴停，或主轴定向停止，并移动一个距离。

⑤ 孔底平面。加工盲孔时孔底平面就是孔底的 Z 轴高度，加工通孔时一般刀具还要伸长超过工件底平面一段距离，主要是保证全部孔深都加工到规定尺寸，钻削时还应考虑钻头钻尖对孔深的影响。

⑥ 孔底返回到 R 点平面。从孔中退出，有快速进给、切削进给、手动等动作。

⑦ 定位平面由平面选择代码 G17、G18、G19 决定。

⑧ 不同的固定循环动作可能不同，有的没有孔底动作，有的不退回到初始平面，而只到 R 点平面。

2. 选择加工平面及孔加工轴线

要加工平面，可使用 G17、G18 和 G19 三条指令，分别对应 XOY、XOZ 和 YOZ 三个加工平面以及 Z 轴、Y 轴和 X 轴三个孔加工轴线。对于立式加工中心孔加工，只能在 XOY 平面内使用 Z 轴作为孔加工轴线，与平面选择指令无关。下面主要讨论立式数控铣床孔加工固定循环指令。

3. 孔加工固定循环指令格式

编程格式:

G90(G91) G99(G98) G73(~G89) X__ Y__ Z__ R__ Q__ P__ F__ L__;

G98、G99 为孔加工完后的回退方式指令;G98 为返回初始平面高度处指令;G99 为返回安全平面高度处指令。

当某孔加工完后还有其他同类孔需要继续加工时,一般使用 G99 指令;只有当全部同类孔都加工完成后,或孔间有比较高的障碍需跳跃时,才使用 G98 指令,这样可节省抬刀时间。

G73、G74、G76 与 G80 ~ G89 为孔加工方式指令,对应的固定循环功能见表 2-5-1。

表 2-5-1 固定循环功能

G 指令	加工动作(*Z* 向)	在孔底部的动作	回退动作(*Z* 向)	用 途
G73	间歇进给		快速进给	高速深孔钻固定循环
G74	切削进给(主轴反转)	主轴正转	切削进给	攻左旋螺纹固定循环
G76	切削进给	主轴定向停止	快速进给	精镗固定循环
G80				固定循环取消
G81	切削进给		快速进给	钻削固定循环
G82	切削进给	暂停	快速进给	钻削固定循环、沉孔
G83	间歇进给		快速进给	深孔钻固定循环
G84	切削进给(主轴正转)	主轴反转	切削进给	攻右旋螺纹固定循环
G85	切削进给		切削进给	镗削固定循环
G86	切削进给	主轴停止	切削进给	镗削固定循环
G87	切削进给	主轴停止	手动或快速	反镗削固定循环
G88	切削进给	暂停、主轴停止	手动或快速	镗循环
G89	切削进给	暂停	切削进给	镗循环

说明:

(1) *X*、*Y*: 孔位中心的坐标。

(2) *Z*: 孔底的 *Z* 坐标(G90 时为孔底的绝对 *Z* 值,G91 时为 *R* 点平面到孔底平面的 *Z* 坐标增量)。

(3) *R*: 安全平面的 *Z* 坐标(G90 时为 *R* 点平面的绝对 *Z* 值,G91 时为从初始平面到 *R* 点平面的 *Z* 坐标增量)。

（4）Q：在 G73、G83 间歇进给方式中，为每次加工的深度；在 G76、G87 方式中，为横移距离；在固定循环有效期间是模态值。

（5）P：孔底暂停的时间，用整数表示，单位为 ms，仅对 G82、G88、G89 有效。

（6）F：进给速度。

（7）S：机床主轴转速。

（8）L：重复循环的次数，L1 可不写，L0 将不执行加工，仅存储加工数据。

4. 常用孔加工方式说明

（1）高速深孔钻 G73

对于孔深大于 5 倍直径孔的加工，由于是深孔加工，不利于排屑，故采用间歇进给，每次进给深度为 Q，最后一次进给深度 $\leqslant Q$，退刀量为 d，直到孔底为止。

指令格式：

```
G73 X__  Y__  Z__  R__  Q__  F__;
```

式中，X、Y 为孔的位置，Z 为孔底位置，R 为参考平面位置，Q 为每次加工的深度，F 为进给速度，d 为图示中排屑退刀量，由系统参数设定。

其动作过程如图 2-5-3 所示。

（2）深孔往复排屑钻 G83

指令格式：

```
G83 X__  Y__  Z__  R__  Q__  F__;
```

该循环用于深孔加工。G83 指令与 G73 指令略有不同的是，每次刀具间歇进给回退至 R 点平面，这种退刀方式排屑畅通，此处的“d”表示刀具间歇进给每次下降时由快进转为工进的那一点至前一次切削进给下降的点之间的距离，“d”值由数控系统内部设定。由此可见，这种钻削方式适宜加工深孔。其动作过程如图 2-5-4 所示。

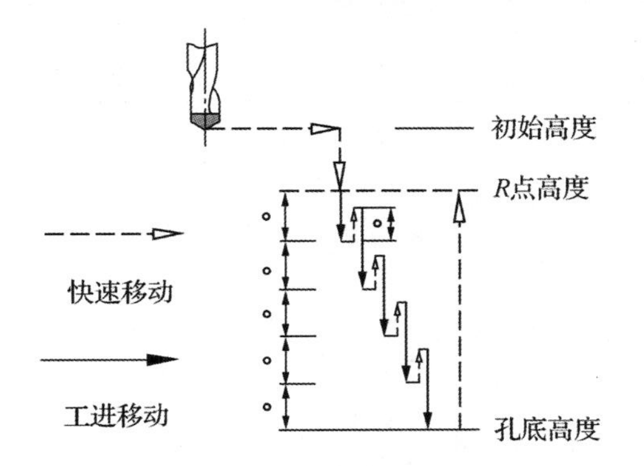

图 2-5-3　G73 循环路线

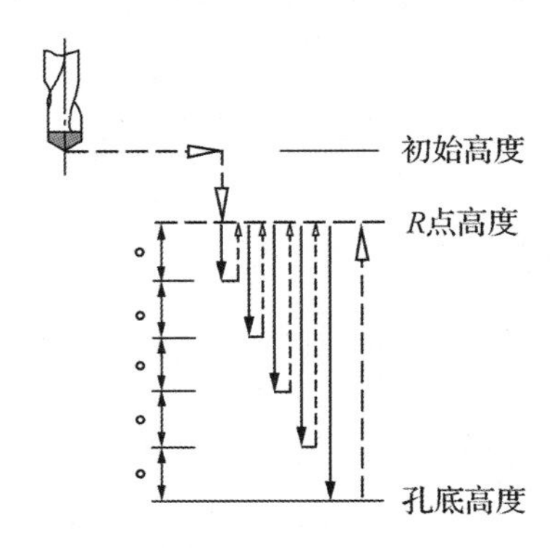

图 2-5-4　G83 循环路线

(3) 钻孔 G81

G81 用于一般的钻孔。

指令格式:

```
G81 X__ Y__ Z__ R__ F__;
```

其动作过程如图 2-5-5 所示。

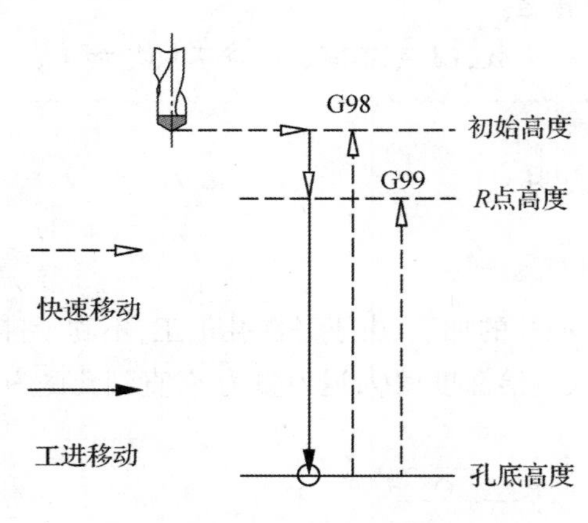

图 2-5-5 G81 循环路线

(4) 取消固定循环 G80

执行 G80 指令后,固定循环(G73、G74、G76、G81 ~ G89)被取消,*R* 点和 *Z* 点的参数以及除 *F* 外的所有孔加工参数均被取消。另外,01 组的 G 代码也会起到同样的作用。

5. 麻花钻

麻花钻是通过其相对固定轴线的旋转切削以钻削工件的圆孔的工具。因其容屑槽呈螺旋状形似麻花而得名。螺旋槽有 2 槽、3 槽或更多槽,但以 2 槽最为常见。麻花钻可被夹持在手动、电动的手持式钻孔工具或钻床、铣床、车床乃至加工中心上使用。钻头材料一般为高速工具钢或硬质合金。麻花钻由柄部、颈部和工作部分组成,如图 2-5-6 所示。

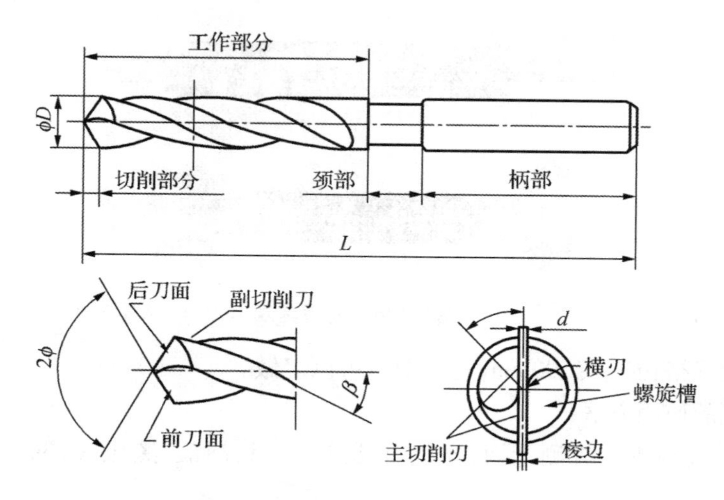

图 2-5-6 麻花钻的组成和结构

6. 铰刀

铰刀是具有一个或多个刀齿,用以切除已加工孔表面薄层金属的旋转刀具。铰刀具有直刃或螺旋刃的旋转精加工刀具,用于扩孔或修孔。

用来加工圆柱形孔的铰刀比较常用。用来加工锥形孔的铰刀是锥形铰刀,比较少用。按使用情况来看有手用铰刀和机用铰刀,机用铰刀又可分为直柄铰刀和锥柄铰刀,手用铰刀则是直柄型的。铰刀的几何形状和结构如图 2-5-7 所示。

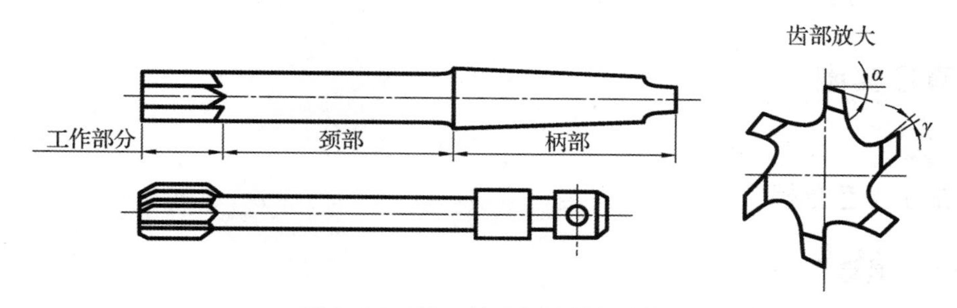

图 2-5-7 铰刀的几何形状和结构

7. 内孔光滑塞规

内孔光滑塞规是一种用来测量内孔尺寸的精密量具,光滑塞规做成最大极限尺寸和最小极限尺寸两种。最小极限尺寸一端叫作通端,最大极限尺寸一端叫作止端。在测量中,通端塞规应通过内孔,止端塞规则不应通过内孔,如图 2-5-8 所示。

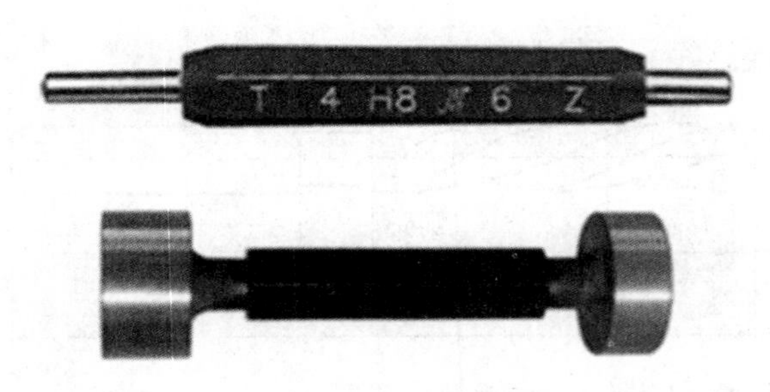

图 2-5-8 光滑塞规

内孔塞规规格：$\phi3 \sim \phi500$mm，特殊型号可以定做。

光滑塞规的使用方法：

① 使用前先检查塞规测量面，不能有锈迹、丕锋、划痕、黑斑等；塞规的标志应正确清楚。

② 塞规必须在周期检定期内，而且附有检定合格证或标记，或其他足以证明塞规是合格的文件。

③ 塞规测量的标准条件：温度为 20℃，测力为 0。在实际使用中很难达到这一条件要求。为了减少测量误差，尽量使塞规与被测件在等温条件下进行测量，使用的力要尽量小，不允许把塞规用力往孔里推或一边旋转一边往里推。

④ 测量时，塞规应顺着孔的轴线插入或拔出，不能倾斜；塞规塞入孔内，不许转动或摇晃塞规。

⑤ 不允许用塞规检测不清洁的工件。

▶▶ 项目实施

1. 加工工艺分析

(1) 工具选择

工件装夹在平口钳上，平口钳用百分表校正。

(2) 量具选择

孔间距用游标卡尺测量；孔径尺寸精度较高用塞规测量，表面质量用表面粗糙度比较样块比对。

(3) 刀具选择

先用中心钻钻中心孔定心，然后用麻花钻钻孔。铰孔作为孔的精加工方法之一，放在最后。

2. 加工工艺方案确定

(1) 选择加工工艺路线

钻孔前工件应校平，然后钻中心孔定心，再用麻花钻钻各孔，最后再铰孔，具体工艺如下：

① 用 A3 中心钻钻 4 × ϕ8H7 中心孔。

② 用 ϕ7.8mm 钻钻 4 × ϕ8H7 底孔。

③ 用 ϕ8H7 铰刀铰 4 × ϕ8H7 的孔。

(2) 合理选择切削用量

铰削余量不能太大，也不能太小。余量太大，铰削困难；余量太小，前道工序加工痕迹无法消除。一般粗铰余量为 0.15 ~ 0.30mm，精铰余量为 0.04 ~ 0.15mm。铰孔前如采用钻孔、扩孔等工序，铰削余量主要由所选择的钻头直径确定。

本项目加工铝件，钻孔、铰孔为通孔，切削速度可以较高，但垂直下刀进给量应小，切削用量参数见表 2-5-2。

表 2-5-2　切削用量参数

刀具号	刀具规格	工序内容	进给速度 /(mm/min)	主轴转速 /(r/min)
T1	A3 中心钻	用 A3 中心钻钻 4 × ϕ8H7 中心孔	100	1000
T2	ϕ7.8mm 麻花钻	用 ϕ7.8mm 钻钻 4 × ϕ8H7 底孔	100	1000
T3	ϕ8H7 铰刀	用 ϕ8H7 铰刀铰 4 × ϕ8H7 底孔	60	1200

3. 参考程序编制

根据工件坐标系建立原则，本项目工件坐标系建立在工件上表面中心位置。四个孔的坐标分别为(16,16)、(16,－16)、(－16,－16)、(－16,16)。

参考程序见表 2-5-3。

表 2-5-3　程序示例

程序段号	程序内容	动作说明
N5	O0001;	程序名
N10	G90 G54 G00 X0 Y0;	设置工件坐标系
N20	M03 S1000 M08;	主轴正转、切削液开
N30	G43 Z10 H01;	建立 1 号刀具高度补偿
N40	G99 G81 X16 Y16 Z－3 R5 F100;	调用孔加工循环钻中心孔
N50	Y－16;	继续钻 Y－16 处的孔

续表

程序段号	程序内容	动作说明
N60	X－16；	继续钻 X－16 处的孔
N70	Y16；	继续钻 Y16 处的孔
N80	G80 G00 Z100；	取消钻孔循环，抬刀
N90	M05 M09 M00；	主轴停转，切削液关，程序停止，安装 T2
N100N	G54 G00 X0 Y0；	设置工件坐标系
N110	M03 S1000 M08；	主轴正转、切削液开
N120	G43 Z10 H02；	建立 2 号刀具高度补偿
N130	G99 G83 X16 Y16 Z－23 R5 Q3 F100；	调用孔加工循环钻通孔
N140	Y－16；	继续钻 Y－16 处的孔
N150	X－16；	继续钻 X－16 处的孔
N160	Y16；	继续钻 Y16 处的孔
N170	G80 G00 Z100；	取消钻孔循环，抬刀
N180	M05 M09 M00；	主轴停转，切削液关，程序停止，安装 T3
N190	G54 G00 X0 Y0；	设置工件坐标系
N200	M03 S1200 M08；	主轴正转、切削液开
N210	G43 Z10 H03；	建立 3 号刀具高度补偿
N220	G99 G81 X16 Y16 Z－23 R5 F60；	调用孔加工循环（铰孔）
N230	Y－16；	继续铰 Y－16 处的孔
N240	X－16；	继续铰 X－16 处的孔
N250	Y16；	继续铰 Y16 处的孔
N260	G80 G00 Z100；	取消钻孔循环，抬刀
N270	M05 M09 M30；	主轴停转，切削液关，程序结束

▶▶ 资料链接

铰孔时，切削液对孔表面质量和尺寸精度有较大影响，应该根据加工情况，合理选择切削液。一般铰钢件及韧性材料时选择全系统损耗用油（俗称机油）或乳化液；铰铸铁及脆性材料时选择煤油、煤油与矿物油的混合油；铰铜件或铝合金时选择植物油、专用锭子油（SH/T 0360—1992）和合成锭子油（SH/T 0111—1992）。

项目总结

- 钻孔前要先钻中心孔，保证麻花钻起钻时不会偏心。
- 对钻孔进行编程时，要正确合理选择切削用量，合理使用钻孔循环指令。
- 对铰孔进行编程时，要根据刀具机床情况合理选择切削参数；否则会在加工中产生噪声，影响孔的表面粗糙度。
- 对铰孔进行编程时，要加 M08 切削液开指令，否则会影响孔的表面质量。

拓展练习

针对图 2-5-9 所示零件，编写钻孔、铰孔的加工程序。

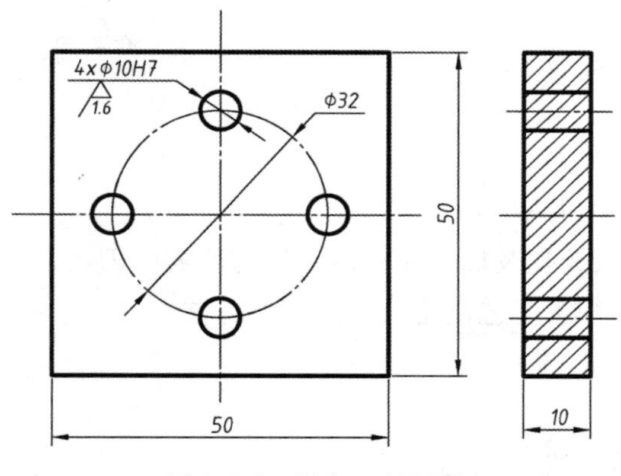

图 2-5-9　孔加工练习图

第三篇 数控铣削实例

项目一 数控铣削实例一

▶▶ 项目目标

1. 知识目标

- 能读懂零件图。
- 能熟练选择钻孔、铰孔及加工简单内外轮廓所需的刀具及夹具。
- 掌握内外轮廓的加工工艺制定及程序编制方法。

2. 技能目标

- 掌握试切法对刀方法。
- 熟练掌握使用刀具长度补偿、半径补偿控制精度的方法。
- 会选择适当的量具检测工件。
- 完成如图 3-1-1、图 3-1-2 所示零件,零件材料为硬铝。

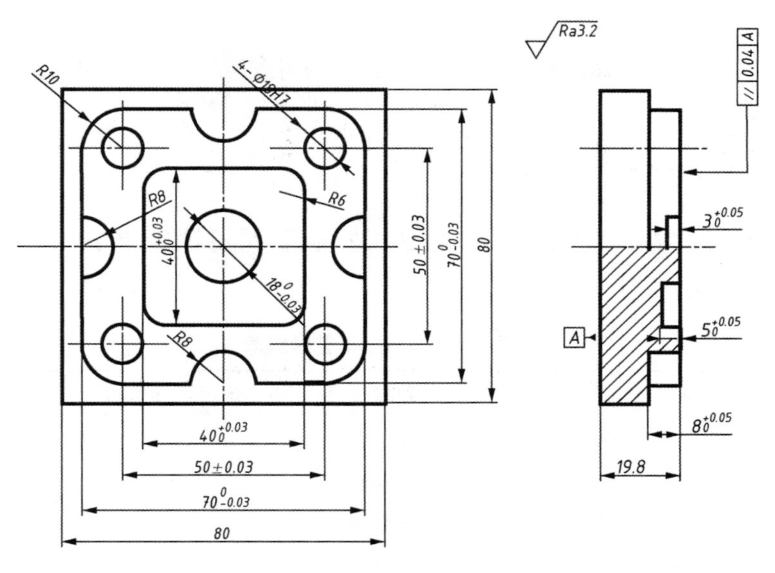

图 3-1-1　零件图

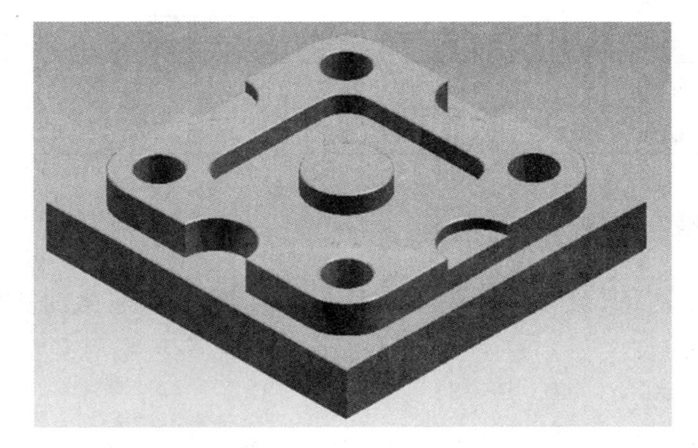

图 3-1-2　三维效果图

▶▶ 相关知识

1. 加工工艺分析

（1）工具选择

将工件装夹在平口钳上，用百分表校正钳口，*X*、*Y*、*Z* 方向用试切法对刀。

（2）量具选择

孔间距及轮廓尺寸用游标卡尺测量；孔深、轮廓深用深度游标卡尺测量；4 × ϕ10H7 孔用塞规测量。

(3) 刀具选择

工件上表面铣削用端铣刀;孔加工用中心钻、麻花钻、铰刀;内外轮廓加工用键槽铣刀及立铣刀。

2. 加工工艺方案确定

本项目应先粗、精加工型腔;再粗、精加工外轮廓;最后钻孔、铰孔加工。具体工艺路线及切削用量见表3-1-1。

表3-1-1 加工工艺参数表

工序号	工艺内容	刀具	主轴转速/(r/min)	进给速度/(mm/min)
1	粗加工40×40、ϕ18型腔	T2 ϕ12键槽铣刀	200	800
2	精加工40×40、ϕ18型腔	T2 ϕ12键槽铣刀	300	1200
3	粗加工70×70外轮廓	T1 ϕ16键槽铣刀	150	600
4	精加工70×70外轮廓	T1 ϕ16键槽铣刀	300	1000
5	4个半圆弧	T1 ϕ16键槽铣刀	150	600
6	钻孔	T3 A3中心钻	60	1200
7	钻孔	T4 ϕ9.8钻头	50	800
8	铰孔	T5 ϕ10H7铰刀	50	350

3. 参考程序编制

选择工件中心为工件坐标系X、Y原点,工件的上表面为工件坐标系的Z0平面。

O1001;T2

```
G90 G54 G00 X0 Y0 M03 S800;
G43 Z100 H02;
X14 Y-14;
Z5;
G01 Z-5 F50;
G41 X20 Y0 D02 F100;
Y14;
G03 X14 Y20 R6;
G01 X-14;
G03 X-20 Y14 R6;
G01 Y-14;
G03 X-14 Y-20 R6;
G01 X14;
G03 X20 Y-14 R6;
G01 Y14;
X9 Y0;
G02 I-9;
G02 I-9 F200;
G40 X14 Y14;
G00 Z100;
M05;
M30;
%
```

O1002; T1

```
G90 G54 G00 X0 Y0 M03 S600;
G43 Z100 H01;
X80 Y-35;
```

```
Z5;
G01 Z-8 F50;
G41 G01 X70 D01 F150;
X-25;
G02 X-35 Y-25 R10;
G01 Y25;
G02 X-25 Y35 R10;
G01 X25;
G02 X35 Y25 R10;
G01 Y-25;
G02 X25 Y-35 R10;
G01 X-60;
G40 X-70;
G00 Z100;
M05;
M30;
%
```

O1003; T1

```
G90 G54 G00 X0 Y0 M03 S600;
G43 Z100 H01;
X0 Y35;
Z5;
G01 Z-8 F50;
Y45 F150;
G00 Z5;
X0 Y-35;
G01 Z-8 F50;
Y-45 F150;
G00 Z5;
X35 Y0;
G01 Z-3 F50;
X45 F150;
G0 Z5;
X-35 Y0;
G01 Z-3 F50;
X-45 F150;
G00 Z100;
M05;
M30;
%
```

O1004; T3

```
G90 G54 X0 Y0 M03 S1200;
G43 Z100 H03;
G81 X25 Y25 Z-3 R5 F60;
X-25;
Y-25;
X25;
G80;
G00 Z100;
M05;
M30;
```

O1005; T4

```
G90 G54 X0 Y0 M03 S800;
G43 Z100 H04;
G83 X25 Y25 Z-23 R5 Q3 F50;
X-25;
Y-25;
X25;
G80;
G00 Z100;
M05;
M30;
%
```

O1005; T5

```
G90 G54 G00 X0 Y0 M03 S350;
G43 Z100 H05;
G00 X25 Y25;
Z5;
G01 Z-25 F50;
G01 Z5;
G00 X-25 Y25;
G01 Z-25;
```

```
G01 Z5;
G00 X-25 Y-25;
G01 Z-25;
G01 Z5;
G00 X25 Y-25;
G01 Z-25;
G01 Z5;
G00 Z100;
M05;
M30;
%
```

▶▶ 项目实施

1. 启动机床

① 开总电源。
② 启动机床控制器电源。
③ 启动准备功能电源。

2. 机床回原点

① 检查机床当前状态是否有一定的回零距离(离机械原点 100mm)。
② 先将 *Z* 轴回零,机床回零灯亮。
③ 再将 *X*、*Y* 轴各自回零。

3. 根据图纸要求确定零件加工工艺(表 3-1-1)

① 选择确定编程原点。
② 选择加工顺序。
③ 选择加工刀具及切削参数。

4. 选择毛坯零件

在满足图纸尺寸要求的情况下,尽量考虑节省材料成本,选择较小的零件毛坯:毛坯先加工至尺寸 80mm × 80mm × 21mm,液压平口钳夹 7mm 左右,钳口上方留出 14mm 待加工。

5. 装夹刀具

① 注意装夹时的身体姿势,注意安全。
② 检查刀具刀刃是否可用。
③ 装夹刀具时不可过长(在满足零件加工深度的前提下,装夹尽量短)。
④ 装夹刀具时不可过短(避免刀刃将卡簧损坏)。

6. 装夹工件

① 根据零件的加工深度，装夹后露出平口钳上端面的距离略大于零件的加工深度。
② 夹持面积及深度要合适。
③ 注意夹具的使用（液压平口钳旋到第一条线）。

7. 编制程序

① 根据图纸要求编制程序时，程序应尽量简化。
② 注意零件的加工余量。
③ 根据刀具及材料状况，合理给出切削参数。
④ 注意程序中的小数点。
⑤ 调用子程序时注意 *X*、*Y* 轴点的定位。
⑥ 进行轮廓铣削时，刀补应遵循“下刀后建立，抬刀前取消”的原则。

8. 对刀（确定工件坐标系）

① 将 T1 刀装到主轴上（方式选择选在手动状态下）。
② 在 MDI 方式下输入 M03 S800，按下程序启动键，让主轴正转。

③ 先对 *X* 轴，用手轮移动刀具及工作平台直至刀具切到工件毛坯 *X* 方向的右侧，单击“OFFSET”键，在 G54 坐标系 *X* 位置输入 X48，单击“测量”软键。

④ 使用同样的方法对 *Y* 轴，将刀具移动直至切到工件 *Y* 方向靠近操作员的一侧，单击“OFFSET”键，在 G54 坐标系 *Y* 位置输入 Y48，单击“测量”软键。

⑤ 对 *Z* 轴，在手轮方式下将刀具 *Z* 方向向下移动直至切到工件上表面，单击“POS”键，查看综合坐标，记录下此时的 *Z* 坐标值。单击“OFFSET”键，在刀偏界面的第一行形状（H）处输入刚才记录的 *Z* 坐标值，单击“INPUT”键输入。

⑥ 以此类推，将后面的 4 把刀具对刀，只需要对 Z 轴，对刀数据按顺序输入形状（H）处，在形状（D）一栏中输入铣刀的半径值，钻头这一项不需要输入。

⑦ 运行程序，检查 *X*、*Y*、*Z* 对刀情况。在 MDI 方式下，输入程序段“G90 G54 G0 X0 Y0；G43 Z100 H01；”，单击“程序启动”键，运行该程序段，运行时将快速移动打到 F0，交替使用 F25 与 F0 进行切换，以达到安全，待程序运行完后，检查刀具所在位置是否正确。

9. 检查程序

① 先检查程序中的 *Z* 坐标是否正确，利用查找功能检索。
② 再检查高度补偿是否加上，G43 中的 H 是否正确。
③ 检查刀具半径补偿 G41 与 D 是否加上，数值是否正确。
④ 检查当前程序与当前主轴刀具是否对应。

10. 模拟程序图形

① 将空运行、Z 轴锁定、机床锁定开关打开。
② 单击“图形模拟”键。
③ 启动程序，观察图形是否与零件轮廓相符。
④ 图形模拟完毕后，将空运行、Z 轴锁定、机床锁定开关关闭。
⑤ 重新回零。

11. 加工零件

① 程序启动时应先将进给倍率调至最小。
② 再一次确保空运行开关已经关闭。
③ 单击“单步”按钮，手要放在“进给保持”按钮边上以确保安全。
④ 确保 Z 向无误后，关闭“单步”操作，关闭安全防护门，开始加工。

12. 检测零件

零件加工结束后，进行尺寸检测，将检测结果写在评分表(表 3-1-2)中。

表 3-1-2 实例一评分表

零件图号		图 3-1-1		总得分			
项目与配分		序号	技术要求	配分	评分标准	检测记录	得分
工件加工评分(80%)	外形轮廓(44%)	1	$70^{0}_{-0.03}$,2 处	8	一处 4 分,超差不得分		
		2	$\phi18^{0}_{-0.03}$	8	超差 0.01 扣 2 分		
		3	$19.8^{0}_{-0.1}$	3	超差 0.01 扣 2 分		
		4	$8^{+0.05}_{0}$	5	超差 0.01 扣 2 分		
		5	$3^{+0.05}_{0}$	5	超差 0.01 扣 2 分		
		6	平行度 0.04	6	超差 0.01 扣 2 分		
		7	$R10$、$R8$	4	每错一处扣 1 分		
		8	$Ra3.2$	5	超差一处扣 1 分		
	内轮廓与孔(31%)	9	$40^{+0.03}_{0}$,2 处	8	一处 4 分,超差不得分		
		10	$5^{+0.05}_{0}$	5	超差 0.01 扣 2 分		
		11	孔距 50 ±0.03,4 处	4	一处 1 分,超差不得分		
		12	$\phi10H7$,4 处	12	一处 3 分,超差不得分		
		13	$Ra3.2$	2	超差一处扣 1 分		
	其他(5%)	14	工件按时完成	3	未按时完成全扣		
		15	工件无缺陷	2	缺陷一处扣 2 分		

续表

零件图号	图 3-1-1		总得分			
项目与配分	序号	技术要求	配分	评分标准	检测记录	得分
程序与工艺(10%)	16	程序正确合理	5	每错一处扣 2 分		
	17	加工工序卡	5	不合理每处扣 2 分		
机床操作(10%)	18	机床操作规范	5	出错一次扣 2 分		
	19	工件、刀具装夹	5	出错一次扣 2 分		
安全文明生产(倒扣分)	20	安全操作	倒扣	安全事故停止操作或酌扣 5 ~ 30 分		
	21	机床整理	倒扣			

项目二　数控铣削实例二

项目目标

1. 知识目标

- 能读懂零件图。
- 熟悉工件安装、刀具选择、工艺编制及切削用量的选择方法。
- 掌握外轮廓及整圆型腔的加工工艺制定及程序编制方法。

2. 技能目标

- 掌握试切法对刀方法。
- 熟练掌握使用刀具长度补偿、半径补偿控制精度的方法。
- 会选择适当的量具检测工件。
- 完成如图 3-2-1、图 3-2-2 所示的零件,零件材料为硬铝。

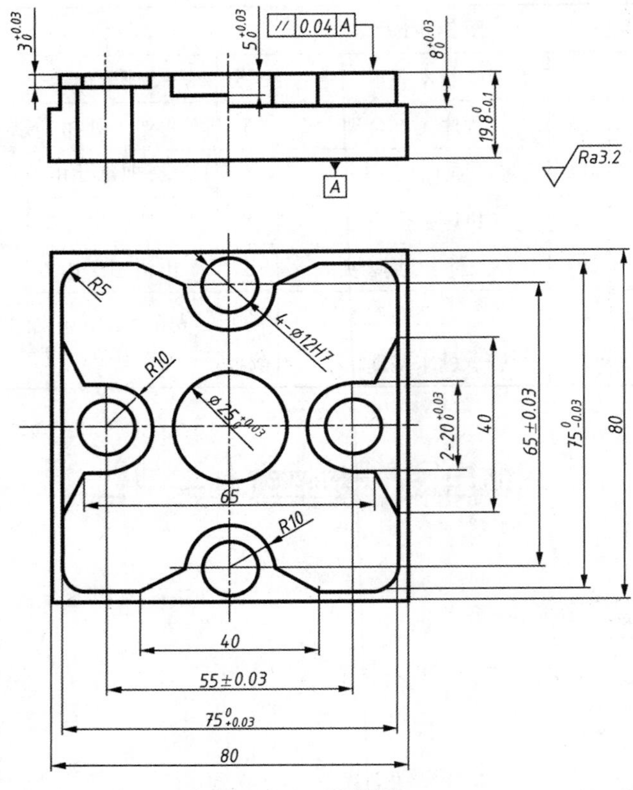

图 3-2-1　零件图

图 3-2-2　三维效果图

▶▶ 相关知识

1. 加工工艺分析

（1）工具选择

将工件装夹在平口钳上，用百分表校正钳口，*X*、*Y*、*Z* 方向用试切法对刀。

（2）量具选择

孔间距及轮廓尺寸用游标卡尺测量；孔深、轮廓深用深度游标卡尺测量；4 × ϕ12H7 孔用塞规测量。

（3）刀具选择

工件上表面铣削用端铣刀；孔加工用中心钻、麻花钻、铰刀；内外轮廓加工用键槽铣刀及立铣刀。

2. 加工工艺方案确定

本项目应先粗、精加工整圆型腔；再粗、精加工外轮廓；最后钻孔、铰孔加工。具体工艺路线及切削用量见表 3-2-1。

表 3-2-1 加工工艺参数表

工序号	工艺内容	刀具	主轴转速/(r/min)	进给速度/(mm/min)
1	粗加工 ϕ25 型腔	T1 ϕ16 键槽铣刀	150	600
2	精加工 ϕ25 型腔	T1 ϕ16 键槽铣刀	300	1000
3	粗加工 75 × 75 外轮廓	T1 ϕ16 键槽铣刀	150	600
4	精加工 75 × 75 外轮廓	T1 ϕ16 键槽铣刀	300	800
5	4 个半圆弧	T1 ϕ16 键槽铣刀	150	600
6	钻孔	T2 A3 中心钻	60	1200
7	钻孔	T3 ϕ11.8 钻头	50	800
8	铰孔	T4 ϕ12H7 铰刀	50	350

3. 参考程序编制

选择工件中心为工件坐标系 *X*、*Y* 原点，工件的上表面为工件坐标系的 *Z*0 平面。

O2001；T1

```
G90 G54 G00 X0 Y0 M03 S800;
G43 Z100 H01;
Z5;
```

```
G01 Z -5 F50;
G41 X12.5 D01 F100;
G03 I -12.5;
G40 G01 X0 Y0;
G00 Z100;
M05;
M30;
%
```

O2002；T1

```
G90 G54 G00 X0 Y0 M03 S800;
G43 Z100 H01;
X60 Y -37.5;
Z5;
G01 Z -8 F50;
G41 X50 D01 F100;
X20;
X10 Y -32.5;
G03 X -10 R10;
G01 X -20 Y -37.5;
X -32.5;
G02 X -37.5 Y -32.5 R5;
G01 Y32.5;
G02 X -32.5 Y37.5 R5;
G01 X -20;
X -10 Y32.5;
G03 X10 R10;
G01 X20 Y37.5;
X32.5;
G02 X37.5 Y32.5 R5;
G01 Y -32.5;
G02 X32.5 Y -37.5 R5;
G01 Y -50;
G40 Y -60;
G00 Z100;
M05;
M30;
%
```

O2003；T1

```
G90 G54 G00 X0 Y0 M03 S800;
G43 Z100 H01;
X37.5 Y60;
Z5;
G01 Z -3 F50;
G41 Y50 D01 F100;
Y20;
X32.5 Y10;
X27.5;
G03 Y -10 R10;
G01 X32.5;
X37.5 Y -20;
Y -50;
G40 Y -60;
G0 Z5;
X -37.5 Y -60;
G01 Z -3 F50;
G41 Y -50 D01 F100;
Y -20;
X -32.5 Y -10;
X -27.5;
G03 Y10 R10;
G01 X32.5;
X37.5 Y20;
Y50;
G40 Y60;
G00 Z100;
M05;
M30;
%
```

O2004；T2

```
G90 G54 X0 Y0 M03 S1200;
G43 Z100 H02;
G81 X27.5 Y0 Z6 R5 F60;
```

```
X -27.5;
X0 Y32.5;
Y -32.5;
G80;
G00 Z100;
M05;
M30;
%
```

O2005；T3

```
G90 G54 X0 Y0 M03 S500;
G43 Z100 H03;
G83 X27.5 Y0 Z -23 R5 Q3 F50;
X -27.5;
X0 Y32.5;
Y -32.5;
G80;
G00 Z100;
M05;
M30;
%
```

O2006；T4

```
G90 G54 G00 X0 Y0 M03 S350;
G43 Z100 H04;
G00 X27.5 Y0;
Z5;
G01 Z -25 F50;
G01 Z5;
G00 X -27.5 Y0;
G01 Z -25;
G01 Z5;
G00 X0 Y32.5;
G01 Z -25;
G01 Z5;
G00 X0 Y -32.5;
G01 Z -25;
G01 Z5;
G00 Z100;
M30;
%
```

▶▶ 项目实施

1. 启动机床

① 开总电源。
② 启动机床控制器电源。
③ 启动准备功能电源。

2. 机床回原点

① 检查机床当前状态是否有一定的回零距离（离机械原点100mm）
② 先将 Z 轴回零，机床回零灯亮。
③ 再将 X、Y 轴各自回零。

3. 根据图纸要求确定零件加工工艺（表3-2-1）

① 确定编程原点。

② 选择加工顺序。

③ 选择加工刀具及切削参数。

4. 选择毛坯零件

在满足图纸尺寸要求的情况下,尽量考虑节省材料成本,选择较小的零件毛坯:毛坯加工至尺寸 80mm × 80mm × 21mm,液压平口钳夹 7mm 左右,钳口上方留出 14mm 待加工。

5. 装夹刀具

① 注意装夹时的身体姿势,注意安全。

② 检查刀具刀刃是否可用。

③ 装夹刀具不可过长(在满足零件加工深度的前提下,装夹尽量短)。

④ 装夹不可过短(避免刀刃将卡簧损坏)。

6. 装夹工件

① 根据零件的加工深度及经济条件,装夹后露出平口钳上端面的距离略大于零件的加工深度。

② 夹持面积及深度要合适。

③ 注意夹具的使用(液压平口钳旋到第一条线)。

7. 编制程序

① 根据图纸要求编制程序时,程序应尽量简化。

② 注意零件的加工余量。

③ 根据刀具及材料状况,合理给出切削参数。

④ 注意程序中的小数点。

⑤ 调用子程序时注意 *X*、*Y* 轴点的定位。

⑥ 轮廓铣削时,刀补应遵循“下刀后建立,抬刀前取消”的原则。

8. 对刀(确定工件坐标系)

① 将 T1 刀装到主轴上(方式选择选在手动状态下)。

② 在 MDI 方式下输入 M03 S800,按下“程序启动”键,让主轴正转。

③ 先对 *X* 轴,用手轮移动刀具及工作平台直至刀具切到工件毛坯 *X* 方向的右侧,单击“OFFSET”键,在 G54 坐标系 *X* 位置输入 X48,单击“测量”软键。

④ 使用同样的方法对 *Y* 轴,将刀具移动直至切到工件 *Y* 方向靠近操作员的一侧,单击“OFFSET”键,在 G54 坐标系 *Y* 位置输入 Y48,单击“测量”软键。

⑤ 对 *Z* 轴,在手轮方式下将刀具 *Z* 方向向下移动直至切到工件上表面,单击“POS”

键,查看综合坐标,记录下此时的 Z 坐标值。单击“OFFSET”键,在刀偏界面的第一行形状(H)处输入刚才记录的 Z 坐标值,单击“INPUT”键输入。

⑥ 以此类推,将后面的 3 把刀具对刀,只需要对 Z 轴,对刀数据按顺序输入形状(H)处,在形状(D)一栏中,输入铣刀的半径值,钻头这一项不需要输入。

⑦ 运行程序检查 X、Y、Z 对刀情况。在 MDI 方式下,输入程序段“G90 G54 G0 X0 Y0;G43 Z100 H01;”,单击“程序启动”键,运行该程序段,运行时将快速移动打到 F0,交替使用 F25 与 F0 进行切换,以达到安全,待程序运行完后,检查刀具所在位置是否正确。

9. 检查程序

① 先检查程序中的 Z 坐标是否正确,利用查找功能检索。
② 再检查高度补偿是否加上,G43 中的 H 是否正确。
③ 检查刀具半径补偿 G41 与 D 是否加上,数值是否正确。
④ 检查当前程序与当前主轴刀具是否对应。

10. 模拟程序图形

① 将空运行、Z 轴锁定、机床锁定开关打开。
② 单击“图形模拟”键。
③ 启动程序,观察图形是否与零件轮廓相符。
④ 图形模拟完毕后,将空运行、Z 轴锁定、机床锁定开关关闭。
⑤ 重新回零。

11. 加工零件

① 程序启动时应先将进给倍率调至最小。
② 再一次确保空运行开关已经关闭。
③ 单击“单步”按钮,手要放在“进给保持”按钮边上以保安全。
④ 确保 Z 向无误后,关闭“单步”操作,关闭安全防护门,开始加工。

12. 检测零件

零件加工结束后,进行尺寸检测,将检测结果写在评分表(表 3-2-2)中。

表 3-2-2 实例二评分表

零件图号		图 3-2-1			总得分		
项目与配分		序号	技术要求	配分	评分标准	检测记录	得分
工件加工评分（80%）	外形轮廓（44%）	1	$75^{0}_{+0.03}$,2 处	8	一处 4 分,超差不得分		
		2	$20_{0}^{+0.03}$,2 处	8	一处 4 分,超差不得分		
		3	$19.8^{0}_{-0.1}$	3	超差 0.01 扣 2 分		
		4	$8_{0}^{+0.03}$	5	超差 0.01 扣 2 分		
		5	$3_{0}^{+0.03}$	5	超差 0.01 扣 2 分		
		6	平行度 0.04	6	超差 0.01 扣 2 分		
		7	*R*10、*R*5	4	每错一处扣 1 分		
		8	*Ra*3.2	5	超差一处扣 1 分		
	内轮廓与孔（31%）	9	$\phi25_{0}^{+0.03}$	8	超差 0.01 扣 2 分		
		10	$5_{0}^{+0.03}$	6	超差 0.01 扣 2 分		
		11	55 ±0.03	2	超差 0.01 扣 1 分		
		12	65 ±0.03	2	超差 0.01 扣 1 分		
		13	ϕ12H7,4 处	10	一处 2.5 分,超差不得分		
		14	*Ra*3.2	3	超差一处扣 1 分		
	其他（5%）	15	工件按时完成	3	未按时完成全扣		
		16	工件无缺陷	2	缺陷一处扣 2 分		
程序与工艺（10%）		17	程序正确合理	5	每错一处扣 2 分		
		18	加工工序卡	5	不合理每处扣 2 分		
机床操作（10%）		19	机床操作规范	5	出错一次扣 2 分		
		20	工件、刀具装夹	5	出错一次扣 2 分		
安全文明生产（倒扣分）		21	安全操作	倒扣	安全事故停止操作或酌扣 5～30 分		
		22	机床整理	倒扣			

项目三 数控铣削实例三

▶▶ 项目目标

1. 知识目标

- 能读懂零件图。
- 熟悉工件安装、刀具选择、工艺编制及切削用量的选择。

- 熟悉键槽铣削的编程方法以及坐标系旋转指令的应用。
- 掌握外轮廓及整圆型腔的加工工艺制定及程序编制方法。

2. 技能目标

- 掌握试切法对刀方法。
- 熟练掌握使用刀具长度补偿、半径补偿控制精度的方法。
- 会选择适当的量具检测工件。
- 完成如图 3-3-1、图 3-3-2 所示的零件，零件材料为硬铝。

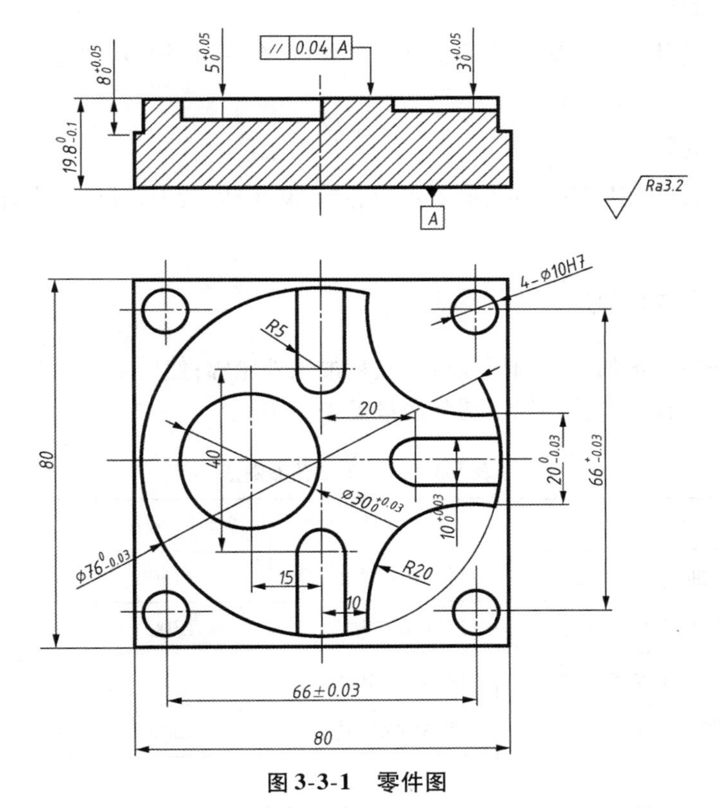

图 3-3-1　零件图

图 3-3-2　三维效果图

相关知识

1. 加工工艺分析

(1) 工具选择

将工件装夹在平口钳上,用百分表校正钳口,*X*、*Y*、*Z* 方向用试切法对刀。

(2) 量具选择

孔间距、槽宽及内外轮廓尺寸用游标卡尺测量;孔深、槽深、轮廓深用深度游标卡尺测量;4 × ϕ10H7 孔用塞规测量。

(3) 刀具选择

工件上表面铣削用端铣刀;孔加工用中心钻、麻花钻、铰刀;键槽及内外轮廓加工用键槽铣刀及立铣刀。

2. 加工工艺方案确定

本项目应先粗、精加工整圆型腔;再粗、精加工外轮廓;然后粗、精加工三个键槽;最后钻孔、铰孔加工。具体工艺路线及切削用量见表 3-3-1。

表 3-3-1 加工工艺参数表

工序号	工艺内容	刀具	转速/(r/min)	进给速度/(mm/min)
1	粗加工 ϕ30 型腔	T1 ϕ16 键槽铣刀	150	600
2	精加工 ϕ30 型腔	T1 ϕ16 键槽铣刀	300	1000
3	粗加工 ϕ76 外轮廓	T1 ϕ16 键槽铣刀	150	600
4	精加工 ϕ76 外轮廓	T1 ϕ16 键槽铣刀	300	800
5	粗加工 3 个 U 型槽	T2 ϕ8 键槽铣刀	100	1000
6	精加工 3 个 U 型槽	T2 ϕ8 键槽铣刀	200	1500
7	钻孔	T3 A3 中心钻	60	1200
8	钻孔	T4 ϕ9.8 钻头	50	800
9	铰孔	T5 ϕ10H7 铰刀	50	350

3. 参考程序编制

选择工件中心为工件坐标系 *X*、*Y* 原点,工件的上表面为工件坐标系的 *Z*0 平面。

O3001；T1

```
G90 G54 G00 X0 Y0;
M03 S600;
G43 Z100 H01;
G00 X-15 Y0;
Z5;
G01 Z-5 F50;
G41 X0 D01 F150;
G03 I-15;
G40 X-15 Y0;
G00 Z100;
M05;
M30;
%
```

O3002；T1

```
G90 G54 G00 X0 Y0;
M03 S600;
G43 Z100 H01;
G00 X60 Y-10;
Z5;
G01 Z-8 F50;
G41 X50 D01 F150;
G01 X30 Y-10;
G03 X10 Y-30 R20;
G01 X10 Y-36.66;
G02 X10 Y36.66 R-38;
G01 X10 Y30;
G03 X30 Y10 R20;
G01 X36.66 Y10;
G02 X10 Y-36.66 R38;
G01 X10 Y-50;
G40 Y-60;
G00 Z100;
M05;
M30;
```

O3003；主程序 T2

```
G90 G54 G00 X0 Y0;
M03 S600;
G43 Z100 H02;
M98 P3333;
G68 X0 Y0 R90;
M98 P3333;
G68 X0 Y0 R-90;
M98 P3333;
G00 Z100;
M05;
M30;
%
O3333;子程序
G90 G00 X60 Y5;
G01 Z-3 F50;
G41 X50 D02 F150;
G01 X20 Y5;
G03 X20 Y-5 R5;
G01 X50;
G40 X60;
G00 Z10;
M99;
```

O3004；T3

```
G90 G54 G00 X0 Y0;
M03 S1200;
G43 Z100 H03;
G81 X-33 Y33 Z-11 R5 F60;
Y-33;
X33;
Y33;
G80;
G00 Z100;
M05;
M30;
%
```

O3004；T4

```
G90 G54 G00 X0 Y0;
M03 S800;
```

```
G43 Z100 H04;
G83 X -33 Y33 Z -23 R5 Q3 F50;
Y -33;
X33;
Y33;
G80;
G00 Z100;
M05;
M30;
%
```

O3005; T5

```
G90 G54 G00 X0 Y0;
M03 S600;
G43 Z100 H05;
G00 X -33 Y33;
Z5;
G01 Z -25 F50;
G01 Z5;
G00 X -33 Y -33;
G01 Z -25;
G01 Z5;
G00 X33 Y -33;
G01 Z -25;
G01 Z5;
G00 X33 Y33;
G01 Z -25;
G01 Z5;
G00 Z100;
M05;
M30;
%
```

▶▶ 项目实施

1. 启动机床

① 开总电源。
② 启动机床控制器电源。
③ 启动准备功能电源。

2. 机床回原点

① 检查机床当前状态是否有一定的回零距离(离机械原点 100mm)。
② 先将 *Z* 轴回零,机床回零灯亮。
③ 再将 *X*、*Y* 轴各自回零。

3. 根据图纸要求确定零件加工工艺(表 3-3-1)

① 确定编程原点。
② 选择加工顺序。
③ 选择加工刀具及切削参数。

4. 毛坯零件选择

在满足图纸尺寸要求的情况下，尽量考虑节省材料成本，选择较小的零件毛坯：毛坯加工至尺寸 80mm × 80mm × 21mm，液压平口钳夹 7mm 左右，钳口上方留出 14mm 待加工。

5. 装夹刀具

① 注意装夹时的身体姿势，注意安全。
② 检查刀具刀刃是否可用。
③ 装夹刀具不可过长（在满足零件加工深度的前提下，装夹尽量短）。
④ 装夹刀具不可过短（避免刀刃将卡簧损坏）。

6. 装夹工件

① 根据零件的加工深度，装夹后露出平口钳上端面的距离略大于零件的加工深度。
② 夹持面积及深度要合适。
③ 注意夹具的使用（液压平口钳旋到第一条线）。

7. 编制程序

① 根据图纸要求编制程序时，程序应尽量简单、量少、简化。
② 注意零件的加工余量。
③ 根据刀具及材料状况，合理给出切削参数。
④ 注意程序中的小数点。
⑤ 调用子程序时注意 *X*、*Y* 轴点的定位。
⑥ 轮廓铣削时，刀补应遵循“下刀后建立，抬刀前取消”的原则。

8. 对刀（确定工件坐标系）

① 将 T1 刀装到主轴上（方式选择选在手动状态下）。
② 在 MDI 方式下输入 M03 S800，按下“程序启动”键，让主轴正转。
③ 先对 *X* 轴，用手轮移动刀具及工作平台直至刀具切到工件毛坯 *X* 方向的右侧，单击“OFFSET”键，在 G54 坐标系 *X* 位置输入 X48，单击“测量”软键。
④ 使用同样的方法对 *Y* 轴，将刀具移动直至切到工件 *Y* 方向靠近操作员的一侧，单击“OFFSET”键，在 G54 坐标系 *Y* 位置输入 Y48，单击“测量”软键。
⑤ 对 *Z* 轴，在手轮方式下将刀具 *Z* 方向向下移动直至切到工件上表面，单击“POS”键，查看综合坐标，记录下此时的 *Z* 坐标值。单击“OFFSET”键，在刀偏界面的第一行形状（H）处输入刚才记录的 *Z* 坐标值，单击“INPUT”键输入。
⑥ 以此类推，将后面的 4 把刀具对刀，只需要对 *Z* 轴，对刀数据按顺序输入形状（H）

处，在形状（D）一栏中输入铣刀的半径值，钻头这一项不需要输入。

⑦ 运行程序，检查 X、Y、Z 对刀情况。在 MDI 方式下，输入程序段“G90 G54 G0 X0 Y0;G43 Z100. H01;”，单击“程序启动”键，运行该程序段，运行时将快速移动打到 F0，交替使用 F25 与 F0 进行切换，以达到安全，待程序运行完后，检查刀具所在位置是否正确。

9. 检查程序

① 先检查程序中的 Z 坐标是否正确，利用查找功能检索。
② 再检查高度补偿是否加上，G43 中的 H 是否正确。
③ 检查刀具半径补偿 G41 与 D 是否加上，数值是否正确。
④ 检查当前程序与当前主轴刀具是否对应。

10. 模拟程序图形

① 将空运行、Z 轴锁定、机床锁定开关打开。
② 单击“图形模拟”键。
③ 启动程序，观察图形是否与零件轮廓相符。
④ 图形模拟完毕后，将空运行、Z 轴锁定、机床锁定开关关闭。
⑤ 重新回零。

11. 加工零件

① 程序启动时应先将进给倍率调至最小。
② 再一次确保空运行开关已经关闭。
③ 单击“单步”按钮，手要放在“进给保持”按钮边上以确保安全。
④ 确保 Z 向无误后，关闭“单步”操作，关闭安全防护门，开始加工。

12. 检测零件

零件加工结束后，进行尺寸检测，检测结果写在评分表（表 3-3-2）中。

表 3-3-2　实例三评分表

零件图号		图 3-3-1		总得分			
项目与配分		序号	技术要求	配分	评分标准	检测记录	得分
工件加工评分（80%）	外形轮廓（47%）	1	$\phi76^{0}_{-0.03}$	7	超差 0.01 扣 2 分		
		2	$20^{0}_{-0.03}$	7	超差 0.01 扣 2 分		
		3	$10^{+0.03}_{0}$	7	超差 0.01 扣 2 分		
		4	$19.8^{0}_{-0.1}$	3	超差 0.01 扣 2 分		

续表

零件图号		图 3-3-1		总得分			
项目与配分		序号	技术要求	配分	评分标准	检测记录	得分
工件加工评分（80%）	外形轮廓（47%）	5	$8_{0}^{+0.05}$	5	超差 0.01 扣 2 分		
		6	$3_{0}^{+0.05}$	5	超差 0.01 扣 2 分		
		7	平行度 0.04	6	超差 0.01 扣 2 分		
		8	*Ra*3.2	5	超差一处扣 1 分		
		9	*R*5、*R*20	2	每错一处扣 1 分		
	内轮廓与孔（28%）	10	$\phi30_{0}^{+0.03}$	6	超差 0.01 扣 2 分		
		11	$5_{0}^{+0.05}$	5	超差 0.01 扣 2 分		
		12	孔距 66 ±0.03，2 处	2	一处 1 分，超差不得分		
		13	ϕ10H7，4 处	12	一处 3 分，超差不得分		
		14	*Ra*3.2	3	超差一处扣 1 分		
	其他（5%）	15	工件按时完成	3	未按时完成全扣		
		16	工件无缺陷	2	缺陷一处扣 2 分		
程序与工艺（10%）		17	程序正确合理	5	每错一处扣 2 分		
		18	加工工序卡	5	不合理每处扣 2 分		
机床操作（10%）		19	机床操作规范	5	出错一次扣 2 分		
		20	工件、刀具装夹	5	出错一次扣 2 分		
安全文明生产（倒扣分）		21	安全操作	倒扣	安全事故停止操作或酌扣 5～30 分		
		22	机床整理	倒扣			

项目四　数控铣削实例四

▶▶ 项目目标

1. 知识目标

- 能读懂零件图。
- 熟悉工件安装、刀具选择、工艺编制及切削用量的选择。
- 掌握外轮廓及整圆型腔的加工工艺制定及程序编制方法。

2. 技能目标

- 掌握试切法对刀方法。
- 熟练掌握使用刀具长度补偿、半径补偿控制精度的方法。
- 会选择适当的量具检测工件。
- 完成如图 3-4-1、图 3-4-2 所示的零件,零件材料为硬铝。

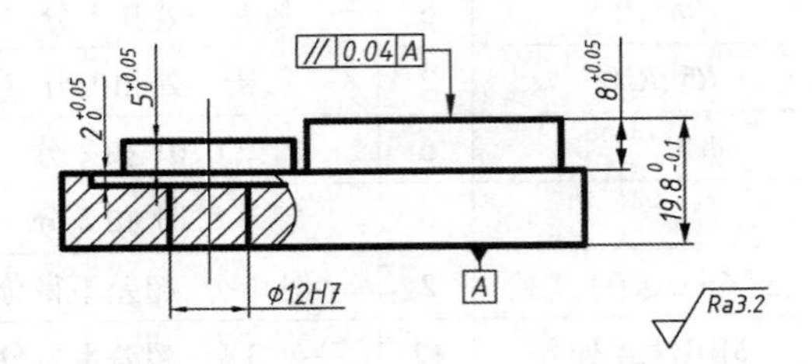

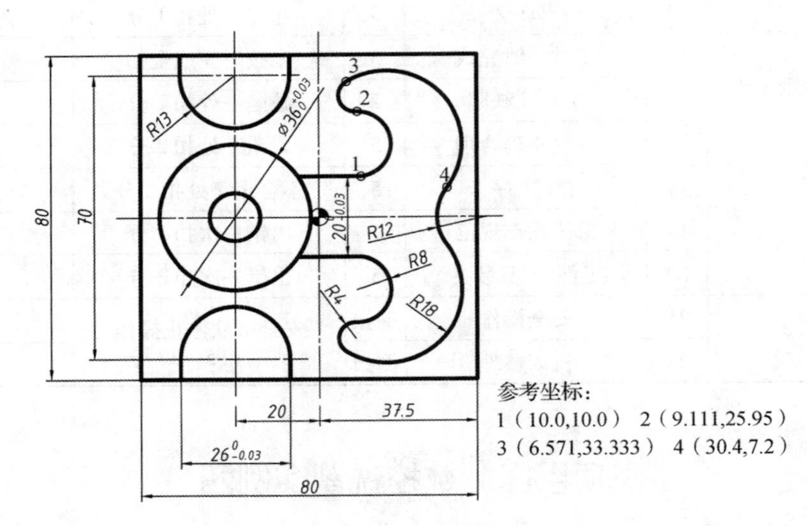

图 3-4-1 零件图

图 3-4-2 三维效果图

相关知识

1. 加工工艺分析

（1）工具选择

将工件装夹在平口钳上，用百分表校正钳口，X、Y、Z 方向用试切法对刀。

（2）量具选择

内外轮廓尺寸用游标卡尺测量；轮廓、型腔深用深度游标卡尺测量；ϕ12H7 孔用塞规测量。

（3）刀具选择

工件上表面铣削用端铣刀；孔加工用中心钻、麻花钻、铰刀；内外轮廓加工用键槽铣刀及立铣刀。

2. 加工工艺方案确定

本项目应先粗、精加工外轮廓；再粗、精加工半圆凸台；然后粗、精加工整圆型腔；最后钻孔、铰孔加工。具体工艺路线及切削用量见表 3-4-1。

表 3-4-1 加工工艺参数表

工序号	工艺内容	刀具	主轴转速/(r/min)	进给速度/(mm/min)
1	粗加工外轮廓	T2 ϕ12 键槽铣刀	150	800
2	精加工外轮廓	T2 ϕ12 键槽铣刀	300	1000
3	去余量	T2 ϕ12 键槽铣刀	150	800
4	粗加工半圆凸台	T2 ϕ12 键槽铣刀	150	800
5	精加工半圆凸台	T2 ϕ12 键槽铣刀	300	1000
6	半圆凸台高度铣削	T2 ϕ12 键槽铣刀	300	1000
7	粗加工 ϕ36 型腔	T1 ϕ16 键槽铣刀	100	600
8	精加工 ϕ36 型腔	T1 ϕ16 键槽铣刀	200	800
9	钻孔	T3 A3 中心钻	60	1200
10	钻孔	T4 ϕ11.8 钻头	50	800
11	铰孔	T5 ϕ12H7 铰刀	50	350

3. 参考程序编制

选择以工件对称中心为原点坐标(X2.5,Y0),如图 3-4-1 所示。工件的上表面为工件坐标系的 Z0 平面。

O4001; T2

```
G90 G54 G00 X0 Y0 M03 S800;
G43 Z100 H02;
X-60 Y-10;
Z5;
G01 Z-8 F50;
G41 X-50 D02 F100;
X-5.03;
Y10;
X10;
G03 X9.111 Y25.95 R8;
G02 X6.571 Y33.333 R4;
X30.4 Y7.2 R18;
G03 Y-7.2 R12;
G02 X6.571 Y-33.333 R18;
X9.111 Y-25.95 R4;
G03 X10 Y-10 R8;
G01 X-5.03;
Y10;
X-50;
G40 X-60;
G00 Z100;
M05;
M30;
%
```

O4002; T2

```
G90 G54 G00 X0 Y0 M03 S800;
G43 Z100 H02;
X-7 Y60;
Z5;
G01 Z-8 F50;
G41 Y50 D02 F100;
Y35;
G02 X-33 R13;
G01 Y50;
G40 Y60;
G00 Z5;
X-33 Y-60;
G01 Z-8 F50;
G41 Y-50 D02 F100;
Y-35;
G02 X-7 R13;
G01 Y-50;
G40 Y-60;
G00 Z100;
M05;
M30;
%
```

O4003; T1

```
G90 G54 G00 X0 Y0 M03 S800;
G43 Z100 H01;
X-20 Y0;
Z-5;
G01 Z-10 F50;
G41 X-2 D01 F100;
G03 I-18;
G40 G01 X-20 Y0;
G00 Z100;
M05;
M30;
%
```

O4004; T2

```
G90 G54 G00 X0 Y0 M03 S800;
G43 Z100 H02;
```

```
X -40 Y35;
Z5;
G01 Z -3 F50;
X -7;
Y25;
X -40;
G0 Z5;
X -40 Y -35;
G01 Z -3 F50;
X -7;
Y -25;
X -40;
G00 Z100;
M05;
M30;
%
```

O4005；T3

```
G90 G54 X0 Y0 M03 S1200;
G43 Z100 H03;
G81 X -20 Y0 Z -13 R5 F60;
G80;
G0 Z100;
M05;
M30;
%
```

O4005；T4

```
G90 G54 X0 Y0 M03 S800;
G43 Z100 H04;
G83 X -20 Y0 Z -23 R5 Q3 F50;
G80;
G0 Z100;
M05;
M30;
%
```

O4006；T5

```
G90 G54 G0 X0 Y0 M03 S1000;
G43 Z100 H05;
X -20 Y0;
Z5;
G01 Z -25 F50;
G01 Z5;
G0 Z100;
M05;
M30;
%
```

▶▶ 项目实施

1. 启动机床

① 开总电源。
② 启动机床控制器电源。
③ 启动准备功能电源。

2. 机床回原点

① 检查机床当前状态是否有一定的回零距离(离机械原点100mm)。
② 先将 Z 轴回零，机床回零灯亮。
③ 再将 X、Y 轴各自回零。

3. 根据图纸要求确定零件加工工艺(表 3-4-1)

① 确定编程原点。
② 选择加工顺序。
③ 选择加工刀具及切削参数。

4. 选择毛坯零件

在满足图纸尺寸要求的情况下,尽量考虑节省材料成本,选择较小的零件毛坯:毛坯加工至尺寸 80mm × 80mm × 21mm,液压平口钳夹 7mm 左右,钳口上方留出 14mm 待加工。

5. 装夹刀具

① 注意装夹时的身体姿势,注意安全。
② 检查刀具刀刃是否可用。
③ 装夹刀具时不可过长(在满足零件加工深度的前提下,装夹尽量短)。
④ 装夹刀具时不可过短(避免刀刃将卡簧损坏)。

6. 装夹工件

① 根据零件的加工深度,装夹后露出平口钳上端面的距离略大于零件的加工深度。
② 夹持面积及深度要合适。
③ 注意夹具的使用(液压平口钳旋到第一条线)。

7. 编制程序

① 根据图纸要求编制程序时,程序应尽量简化。
② 注意零件的加工余量。
③ 根据刀具及材料状况,合理给出切削参数。
④ 注意程序中的小数点。
⑤ 调用子程序时注意 X、Y 轴点的定位。
⑥ 轮廓铣削时,刀补应遵循“下刀后建立,抬刀前取消”的原则。

8. 对刀(确定工件坐标系)

① 将 T1 刀装到主轴上(方式选择选在手动状态下)。
② 在 MDI 方式下输入 M03 S800,按下“程序启动”键,让主轴正转。
③ 先对 X 轴,用手轮移动刀具及工作平台直至刀具切到工件毛坯 X 方向的右侧,单击“OFFSET”键,在 G54 坐标系 X 位置输入 X48,单击“测量”软键。
④ 使用同样的方法对 Y 轴,将刀具移动直至切到工件 Y 方向靠近操作员的一侧,单

击“OFFSET”键,在 G54 坐标系 Y 位置输入 Y48,单击“测量”软键。

⑤ 对 Z 轴,在手轮方式下将刀具 Z 方向向下移动直至切到工件上表面,单击“POS”键,查看综合坐标,记录下此时的 Z 坐标值。单击“OFFSET”键,在刀偏界面的第一行形状(H)处输入刚才记录的 Z 坐标值,单击“INPUT”键输入。

⑥ 以此类推,将后面的 4 把刀具对刀,只需要对 Z 轴,对刀数据按顺序输入形状(H)处,在形状(D)一栏中输入铣刀的半径值,钻头这一项不需要输入。

⑦ 运行程序,检查 X、Y、Z 对刀情况。在 MDI 方式下,输入程序段“G90 G54 G0 X0 Y0;G43 Z100. H01”,单击“程序启动”键,运行该程序段,运行时将快速移动打到 F0,交替使用 F25 与 F0 进行切换,以达到安全,待程序运行完后,检查刀具所在位置是否正确。

9. 检查程序

① 先检查程序中的 Z 坐标是否正确,利用查找功能检索。
② 再检查高度补偿是否加上,G43 中的 H 是否正确。
③ 检查刀具半径补偿 G41 与 D 是否加上,数值是否正确。
④ 检查当前程序与当前主轴刀具是否对应。

10. 模拟程序图形

① 将空运行、Z 轴锁定、机床锁定开关打开。
② 单击“图形模拟”键。
③ 启动程序,观察图形是否与零件轮廓相符。
④ 图形模拟完毕后,将空运行、Z 轴锁定、机床锁定开关关闭。
⑤ 重新回零。

11. 加工零件

① 程序启动时应先将进给倍率调至最小。
② 再一次确保空运行开关已经关闭。
③ 单击“单步”按钮,手要放在“进给保持”按钮边上以保安全。
④ 确保 Z 向无误后,关闭“单步”操作,关闭安全防护门,开始加工。

12. 检测零件

零件加工结束后,进行尺寸检测,将检测结果写在评分表(表 3-4-2)中。

表 3-4-2　实例四评分表

零件图号		图 3-4-1		总得分		
项目与配分	序号	技术要求	配分	评分标准	检测记录	得分
工件加工评分(80%) 外形轮廓(54%)	1	$26^{0}_{-0.03}$	14	一处 7 分,超差不得分		
	2	$20^{0}_{-0.03}$	7	超差 0.01 扣 2 分		
	3	$19.8^{0}_{-0.1}$	7	超差 0.01 扣 2 分		
	4	$8_{0}^{+0.05}$	5	超差 0.01 扣 2 分		
	5	$5_{0}^{+0.05}$	5	超差 0.01 扣 2 分		
	6	平行度 0.04	6	超差 0.01 扣 2 分		
	7	*R*4、*R*8、*R*12、*R*13、*R*18	8	每错一处扣 1 分		
	8	*Ra*3.2	2	超差一处扣 1 分		
内轮廓与孔(21%)	9	$\phi36_{0}^{+0.03}$	8	超差 0.01 扣 2 分		
	10	$2_{0}^{+0.05}$	5	超差 0.01 扣 2 分		
	11	ϕ12H7	5	超差不得分		
	12	*Ra*3.2	3	超差一处扣 1 分		
其他(5%)	13	工件按时完成	3	未按时完成全扣		
	14	工件无缺陷	2	缺陷一处扣 2 分		
程序与工艺(10%)	15	程序正确合理	5	每错一处扣 2 分		
	16	加工工序卡	5	不合理每处扣 2 分		
机床操作(10%)	17	机床操作规范	5	出错一次扣 2 分		
	18	工件、刀具装夹	5	出错一次扣 2 分		
安全文明生产(倒扣分)	19	安全操作	倒扣	安全事故停止操作或酌扣 5～30 分		
	20	机床整理	倒扣			

项目五　数控铣削实例五

▶▶ 项目目标

1. 知识目标

- 能读懂零件图。
- 熟悉工件安装、刀具选择、工艺编制及切削用量的选择。
- 掌握内外轮廓的加工工艺制定及程序编制方法。

2. 技能目标

- 掌握试切法对刀方法。
- 熟练掌握使用刀具长度补偿、半径补偿控制精度的方法。
- 会选择适当的量具检测工件。
- 完成如图 3-5-1、图 3-5-2 所示的零件,零件材料为硬铝。

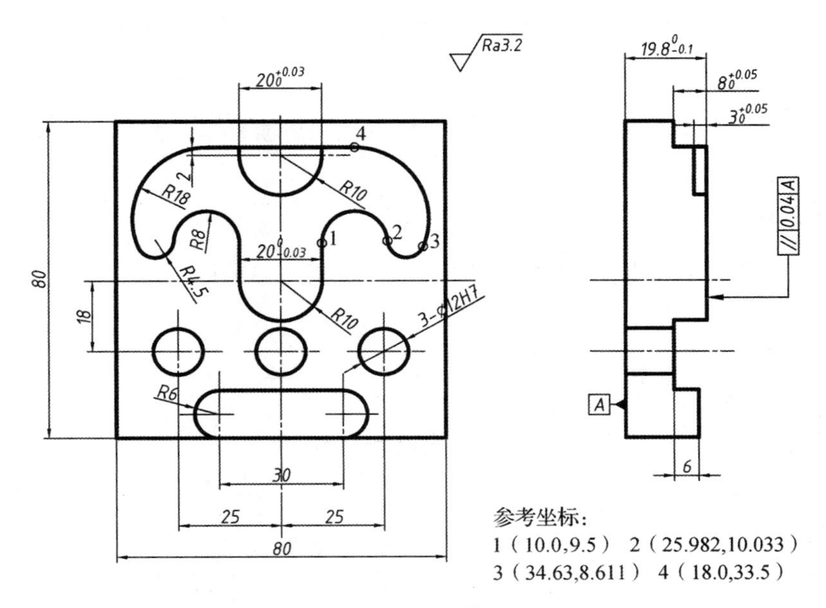

图 3-5-1 零件图

图 3-5-2 三维效果图

▶▶ 相关知识

1. 加工工艺分析

(1) 工具选择

将工件装夹在平口钳上,用百分表校正钳口,*X*、*Y*、*Z* 方向用试切法对刀。

(2) 量具选择

内外轮廓尺寸用游标卡尺测量;轮廓、型腔深用深度游标卡尺测量;3 × ϕ12H7 孔用塞规测量。

(3) 刀具选择

工件上表面铣削用端铣刀;孔加工用中心钻、麻花钻、铰刀;内外轮廓加工用键槽铣刀及立铣刀。

2. 加工工艺方案确定

本项目应先粗、精加工外轮廓,去除多余岛屿材料;再粗、精加工半圆型腔;然后粗、精加工腰形凸台;最后钻孔、铰孔加工。具体工艺路线及切削用量见表 3-5-1。

表 3-5-1 加工工艺参数表

工序号	工艺内容	刀具	主轴转速/(r/min)	进给速度/(mm/min)
1	粗加工外轮廓	T1 ϕ12 键槽铣刀	150	800
2	精加工外轮廓	T1 ϕ12 键槽铣刀	300	1000
3	去余量	T1 ϕ12 键槽铣刀	150	800
4	半圆型腔	T1 ϕ12 键槽铣刀	150	800
5	粗加工凸台	T1 ϕ12 键槽铣刀	150	800
6	精加工凸台	T1 ϕ12 键槽铣刀	300	1000
7	凸台高度铣削	T1 ϕ12 键槽铣刀	300	1000
8	钻孔	T2 A3 中心钻	60	1200
9	钻孔	T3 ϕ11.8 钻头	50	800
10	铰孔	T4 ϕ12H7 铰刀	50	350

3. 参考程序编制

选择工件中心为工件坐标系 X、Y 原点，工件的上表面为工件坐标系的 Z0 平面。

O5001；T1

```
G90 G54 G00 X0 Y0 M03 S800;
G43 Z100 H01;
X -60 Y33.5;
Z5;
G01 Z -8 F50;
G41 X -50 D01 F150;
X18 Y33.5;
G02 X34.63 Y8.611 R18;
G02 X25.982 Y10.033 R4.5;
G03 X10 Y9.5 R8;
G01 X10 Y0;
G02 X -10 Y0 R10;
G01 X -10 Y9.5;
G03 X -25.982 Y10.033 R8;
G02 X -34.63 Y8.611 R4.5;
G02 X -18 Y33.5 R18;
G01 X50 Y33.5;
G40 X60;
G00 Z100;
M05;
M30;
%
```

O5002；T1

```
G90 G54 G00 X0 Y0 M03 S800;
G43 Z100 H01;
X -10 Y60;
Z5;
G01 Z -3 F50;
G41 Y50 D01 F150;
X -10 Y31.5;
G03 X10 Y31.5 R10;
G01 X10 Y50;
G40 Y60;
G00 Z100;
M05;
M30;
%
```

O5003；T1

```
G90 G54 G00 X0 Y0 M03 S800;
G43 Z100 H01;
X60 Y -40;
Z5;
G01 Z -8 F50;
G41 X50 D01 F150;
X -15;
G02 X -15 Y -28 R6;
G01 X15;
G02 Y -40 R6;
G01 Y -50;
G40 Y -60;
G00 Z100;
M05;
M30;
%
```

O5004；T1

```
G90 G54 G00 X0 Y0 M03 S350;
G43 Z100 H01;
X50 Y -40;
Z5;
G01 Z -3 F50;
X -20;
Y -30;
X50;
G00 Z100;
M05;
```

```
M30;
%
```

O5005; T2

```
G90 G54 G00 X0 Y0 M03 S1200;
G43 Z100 H02;
G81 X -25 Y -18 Z -11 R5 F60;
X0;
X25;
G80;
G00 Z100;
M05;
M30
%
```

O5005; T3

```
G90 G54 G00 X0 Y0 M03 S800;
G43 Z100 H03;
G83 X -25 Y -18 Z -23 R5 Q3 F50;
X0;
X25;
G80;
G00 Z100;
M05;
M30
%
```

O5006; T4

```
G90 G54 G00 X0 Y0 M03 S500;
G43 Z100 H04;
X -25 Y -18;
Z5;
G01 Z -25 F50;
Z5;
G00 X0 Y -18;
G01 Z -25;
Z5;
G00 X25 Y -18;
G01 Z -25;
Z5;
G00 Z100;
M05;
M30;
%
```

▶▶ 项目实施

1. 启动机床

① 开总电源。
② 启动机床控制器电源。
③ 启动准备功能电源。

2. 机床回原点

① 检查机床当前状态是否有一定的回零距离(离机械原点 100mm)。
② 先将 *Z* 轴回零,机床回零灯亮。
③ 再将 *X*、*Y* 轴各自回零。

3. 根据图纸要求确定零件加工工艺(表 3-5-1)

① 确定编程原点。
② 选择加工顺序。
③ 选择加工刀具及切削参数。

4. 选择毛坯零件

在满足图纸尺寸要求的情况下,尽量考虑节省材料成本,选择较小的零件毛坯:毛坯加工至尺寸 80mm × 80mm × 21mm,液压平口钳夹 7mm 左右,钳口上方留出 14mm 待加工。

5. 装夹刀具

① 注意装夹时的身体姿势,注意安全。
② 检查刀具刀刃是否可用。
③ 装夹刀具时不可过长(在满足零件加工深度的前提下,装夹尽量短)。
④ 装夹刀具时不可过短(避免刀刃将卡簧损坏)。

6. 装夹工件

① 根据零件的加工深度,装夹后露出平口钳上端面的距离略大于零件的加工深度。
② 夹持面积及深度要合适。
③ 注意夹具的使用(液压平口钳旋到第一条线)。

7. 编制程序

① 根据图纸要求编制程序时,程序应尽量简化。
② 注意零件的加工余量。
③ 根据刀具及材料状况,合理给出切削参数。
④ 注意程序中的小数点。
⑤ 调用子程序时注意 X、Y 轴点的定位。
⑥ 轮廓铣削时,刀补应遵循“下刀后建立,抬刀前取消”的原则。

8. 对刀(确定工件坐标系)

① 将 T1 刀装到主轴上(方式选择选在手动状态下)。
② 在 MDI 方式下输入 M03 S800,按下“程序启动”键,让主轴正转。
③ 先对 X 轴,用手轮移动刀具及工作平台直至刀具切到工件毛坯 X 方向的右侧,单击“OFFSET”键,在 G54 坐标系 X 位置输入 X46,单击“测量”软键。
④ 使用同样的方法对 Y 轴,将刀具移动直至切到工件 Y 方向靠近操作员的一侧,单

击“OFFSET”键,在 G54 坐标系 Y 位置输入 Y46,单击“测量”软键。

⑤ 对 Z 轴,在手轮方式下将刀具 Z 方向向下移动直至切到工件上表面,单击“POS”键,查看综合坐标,记录下此时的 Z 坐标值。单击“OFFSET”键,在刀偏界面的第一行形状(H)处输入刚才记录的 Z 坐标值,单击“INPUT”键输入。

⑥ 以此类推,将后面的 4 把刀具对刀,只需要对 Z 轴,对刀数据按顺序输入形状(H)处,在形状(D)一栏中输入铣刀的半径值,钻头这一项不需要输入。

⑦ 运行程序,检查 X、Y、Z 对刀情况。在 MDI 方式下,输入程序段“G90 G54 G0 X0 Y0;G43 Z100 H01;”,单击“程序启动”键,运行该程序段,运行时将快速移动打到 F0,交替使用 F25 与 F0 进行切换,以达到安全,待程序运行完后,检查刀具所在位置是否正确。

9. 检查程序

① 先检查程序中的 Z 坐标是否正确,利用查找功能检索。

② 再检查高度补偿是否加上,G43 中的 H 是否正确。

③ 检查刀具半径补偿 G41 与 D 是否加上,数值是否正确。

④ 检查当前程序与当前主轴刀具是否对应。

10. 模拟程序图形

① 将空运行、Z 轴锁定、机床锁定开关打开。

② 单击“图形模拟”键。

③ 启动程序,观察图形是否与零件轮廓相符。

④ 图形模拟完毕后,将空运行、Z 轴锁定、机床锁定开关关闭。

⑤ 重新回零。

11. 加工零件

① 程序启动时应先将进给倍率调至最小。

② 再一次确保空运行开关已经关闭。

③ 单击“单步”按钮,手要放在“进给保持”按钮边上以确保安全。

④ 确保 Z 向无误后,关闭“单步”操作,关闭安全防护门,开始加工。

12. 检测零件

零件加工结束后,进行尺寸检测,将检测结果写在评分表中(表 3-5-2)。

表 3-5-2　实例五评分表

零件图号		图 3-5-1		总得分			
项目与配分		序号	技术要求	配分	评分标准	检测记录	得分
工件加工评分（80%）	外形轮廓（44%）	1	$20^{0}_{-0.03}$	8	超差 0.01 扣 2 分		
		2	$19.8^{0}_{-0.1}$	8	超差 0.01 扣 2 分		
		3	$8^{+0.05}_{0}$	6	超差 0.01 扣 2 分		
		4	平行度 0.04	7	超差 0.01 扣 2 分		
		5	*R*4.5、*R*6、*R*8、*R*10、*R*18	10	每错一处扣 1 分		
		6	*Ra*3.2	5	超差一处扣 1 分		
	内轮廓与孔（31%）	7	$20^{+0.03}_{0}$	8	超差 0.01 扣 2 分		
		8	$3^{+0.05}_{0}$	6	超差 0.01 扣 2 分		
		9	ϕ12H7,3 处	12	超差不得分		
		10	*Ra*3.2	5	超差一处扣 1 分		
	其他（5%）	11	工件按时完成	3	未按时完成全扣		
		12	工件无缺陷	2	缺陷一处扣 2 分		
程序与工艺（10%）		13	程序正确合理	5	每错一处扣 2 分		
		14	加工工序卡	5	不合理每处扣 2 分		
机床操作（10%）		15	机床操作规范	5	出错一次扣 2 分		
		16	工件、刀具装夹	5	出错一次扣 2 分		
安全文明生产（倒扣分）		17	安全操作	倒扣	安全事故停止操作或酌扣 5～30 分		
		18	机床整理	倒扣			

附录Ⅰ 数控铣工国家职业标准

1. 职业概况

1.1 职业名称

数控铣工。

1.2 职业定义

从事编制数控加工程序并操作数控铣床进行零件铣削加工的人员。

1.3 职业等级

本职业共设四个等级,分别为:中级(国家职业资格四级)、高级(国家职业资格三级)、技师(国家职业资格二级)、高级技师(国家职业资格一级)。

1.4 职业环境

室内、常温。

1.5 职业能力特征

具有较强的计算能力和空间感,形体知觉及色觉正常,手指、手臂灵活,动作协调。

1.6 基本文化程度

高中毕业(或同等学力)。

1.7 培训要求

1.7.1 培训期限

全日制职业学校教育,根据其培养目标和教学计划确定。晋级培训期限:中级不少于400标准学时;高级不少于300标准学时;技师不少于300标准学时;高级技师不少于300标准学时。

1.7.2 培训教师

培训中、高级人员的教师应取得本职业技师及以上职业资格证书或相关专业中级及以上专业技术职称任职资格;培训技师的教师应取得本职业高级技师职业资格证书或相关专业高级专业技术职称任职资格;培训高级技师的教师应取得本职业高级技师职业资格证书2年以上或取得相关专业高级专业技术职称任职资格2年以上。

1.7.3 **培训场地设备**

满足教学要求的标准教室,计算机机房及配套的软件,数控铣床及必要的刀具、夹具、量具和辅助设备等。

1.8 鉴定要求

1.8.1 **适用对象**

从事或准备从事本职业的人员。

1.8.2 **申报条件**

——中级(具备以下条件之一者):

(1)经本职业中级正规培训达规定标准学时数,并取得结业证书。

(2)连续从事本职业工作5年以上。

(3)取得经劳动保障行政部门审核认定的,以中级技能为培养目标的中等以上职业学校本职业(或相关专业)毕业证书。

(4)取得相关职业中级职业资格证书后,连续从事本职业2年以上。

——高级(具备以下条件之一者):

(1)取得本职业中级职业资格证书后,连续从事本职业工作2年以上,经本职业高级正规培训,达到规定标准学时数,并取得结业证书。

(2)取得本职业中级职业资格证书后,连续从事本职业工作4年以上。

(3)取得劳动保障行政部门审核认定的,以高级技能为培养目标的职业学校本职业(或相关专业)毕业证书。

(4)大专以上本专业或相关专业毕业生,经本职业高级正规培训,达到规定标准学时数,并取得结业证书。

——技师(具备以下条件之一者):

(1)取得本职业高级职业资格证书后,连续从事本职业工作4年以上,经本职业技师正规培训达规定标准学时数,并取得结业证书。

(2)取得本职业高级职业资格证书的职业学校本职业(专业)毕业生,连续从事本职业工作2年以上,经本职业技师正规培训达规定标准学时数,并取得结业证书。

(3)取得本职业高级职业资格证书的本科(含本科)以上本专业或相关专业的毕业生,连续从事本职业工作2年以上,经本职业技师正规培训达规定标准学时数,并取得结业证书。

——高级技师:

取得本职业技师职业资格证书后,连续从事本职业工作4年以上,经本职业高级技师正规培训达规定标准学时数,并取得结业证书。

1.8.3 **鉴定方式**

分为理论知识考试和技能操作考核。理论知识考试采用闭卷方式,技能操作(含软件应用)考核采用现场实际操作和计算机软件操作方式。理论知识考试和技能操作(含软件应用)考核均实行百分制,成绩皆达60分及以上者为合格。技师和高级技师还需进行综合评审。

1.8.4 考评人员与考生配比

理论知识考试考评人员与考生配比为1:15,每个标准教室不少于2名相应级别的考评员;技能操作(含软件应用)考核考评员与考生配比为1:2,且不少于3名相应级别的考评员;综合评审委员不少于5人。

1.8.5 鉴定时间

理论知识考试时间为120分钟。技能操作考核中实操时间为:中级、高级不少于240分钟,技师和高级技师不少于300分钟,技能操作考核中软件应用考试时间为不超过120分钟。技师和高级技师的综合评审时间为不少于45分钟。

1.8.6 鉴定场所设备

理论知识考试在标准教室里进行,软件应用考试在计算机机房进行,技能操作考核在配备必要的数控铣床及必要的刀具、夹具、量具和辅助设备的场所进行。

2. 基本要求

2.1 职业道德

2.1.1 职业道德基本知识

2.1.2 职业守则

(1) 遵守国家法律、法规和有关规定。

(2) 具有高度的责任心、爱岗敬业、团结合作。

(3) 严格执行相关标准、工作程序和规范、工艺文件以及安全操作规程。

(4) 学习新知识、新技能,勇于开拓和创新。

(5) 爱护设备、系统及工具、夹具、量具。

(6) 着装整洁,符合规定;保持工作环境清洁有序,文明生产。

2.2 基础知识

2.2.1 基础理论知识

(1) 机械制图。

(2) 工程材料及金属热处理知识。

(3) 机电控制知识。

(4) 计算机基础知识。

(5) 专业英语基础。

2.2.2 机械加工基础知识

(1) 机械原理。

(2) 常用设备知识(分类、用途、基本结构及维护保养方法)。

(3) 常用金属切削刀具知识。

(4) 典型零件加工工艺。

(5) 设备润滑和冷却液的使用方法。

(6) 工具、夹具、量具的使用与维护知识。

(7) 铣工、镗工基本操作知识。

2.2.3　安全文明生产与环境保护知识

(1) 安全操作与劳动保护知识。

(2) 文明生产知识。

(3) 环境保护知识。

2.2.4　质量管理知识

(1) 企业的质量方针。

(2) 岗位质量要求。

(3) 岗位质量保证措施与责任。

2.2.5　相关法律、法规知识

(1) 劳动法的相关知识。

(2) 环境保护法的相关知识。

(3) 知识产权保护法的相关知识。

3. 工作要求

本标准对中级、高级、技师和高级技师的技能要求依次递进,高级别涵盖低级别的要求。

3.1　中级

职业功能	工作内容	技能要求	相关知识
一、加工准备	(一) 读图与绘图	1. 能读懂中等复杂程度(如凸轮、壳体、板状、支架)的零件图 2. 能绘制有沟槽、台阶、斜面、曲面的简单零件图 3. 能读懂分度头尾架、弹簧夹头套筒、可转位铣刀结构等简单机构装配图	1. 复杂零件的表达方法 2. 简单零件图的画法 3. 零件三视图、局部视图和剖视图的画法
	(二) 制定加工工艺	1. 能读懂复杂零件的铣削加工工艺文件 2. 能编制由直线、圆弧等构成的二维轮廓零件的铣削加工工艺文件	1. 数控加工工艺知识 2. 数控加工工艺文件的制定方法

续表

职业功能	工作内容	技能要求	相关知识
一、加工准备	（三）零件定位与装夹	1. 能使用铣削加工常用夹具（如压板、虎钳、平口钳等）装夹零件 2. 能够选择定位基准，并找正零件	1. 常用夹具的使用方法 2. 定位与夹紧的原理和方法 3. 零件找正的方法
	（四）刀具准备	1. 能够根据数控加工工艺文件选择、安装和调整数控铣床常用刀具 2. 能根据数控铣床特性、零件材料、加工精度、工作效率等选择刀具和刀具几何参数，并确定数控加工需要的切削参数和切削用量 3. 能够利用数控铣床的功能，借助通用量具或对刀仪测量刀具的半径及长度 4. 能选择、安装和使用刀柄 5. 能够刃磨常用刀具	1. 金属切削与刀具磨损知识 2. 数控铣床常用刀具的种类、结构、材料和特点 3. 数控铣床、零件材料、加工精度和工作效率对刀具的要求 4. 刀具长度补偿、半径补偿等刀具参数的设置知识 5. 刀柄的分类和使用方法 6. 刀具刃磨的方法
二、数控编程	（一）手工编程	1. 能编制由直线、圆弧组成的二维轮廓数控加工程序 2. 能够运用固定循环、子程序进行零件的加工程序编制	1. 数控编程知识 2. 直线插补和圆弧插补的原理 3. 节点的计算方法
	（二）计算机辅助编程	1. 能够使用CAD/CAM软件绘制简单零件图 2. 能够利用CAD/CAM软件完成简单平面轮廓的铣削程序	1. CAD/CAM软件的使用方法 2. 平面轮廓的绘图与加工代码生成方法
三、数控铣床操作	（一）操作面板	1. 能够按照操作规程启动及停止机床 2. 能使用操作面板上的常用功能键（如回零、手动、MDI、修调等）	1. 数控铣床操作说明书 2. 数控铣床操作面板的使用方法
	（二）程序输入与编辑	1. 能够通过各种途径（如DNC、网络）输入加工程序 2. 能够通过操作面板输入和编辑加工程序	1. 数控加工程序的输入方法 2. 数控加工程序的编辑方法
	（三）对刀	1. 能进行对刀并确定相关坐标系 2. 能设置刀具参数	1. 对刀的方法 2. 坐标系的知识 3. 建立刀具参数表或文件的方法
	（四）程序调试与运行	能够进行程序检验、单步执行、空运行并完成零件试切	程序调试的方法
	（五）参数设置	能够通过操作面板输入有关参数	数控系统中相关参数的输入方法

续表

职业功能	工作内容	技能要求	相关知识
四、零件加工	(一) 平面加工	能够运用数控加工程序进行平面、垂直面、斜面、阶梯面等的铣削加工,并达到如下要求: (1) 尺寸公差等级达 IT7 级 (2) 形位公差等级达 IT8 级 (3) 表面粗糙度达 *Ra*3.2μm	1. 平面铣削的基本知识 2. 刀具端刃的切削特点
	(二) 轮廓加工	能够运用数控加工程序进行由直线、圆弧组成的平面轮廓铣削加工,并达到如下要求: (1) 尺寸公差等级达 IT8 级 (2) 形位公差等级达 IT8 级 (3) 表面粗糙度达 *Ra*3.2μm	1. 平面轮廓铣削的基本知识 2. 刀具侧刃的切削特点
	(三) 曲面加工	能够运用数控加工程序进行圆锥面、圆柱面等简单曲面的铣削加工,并达到如下要求: (1) 尺寸公差等级达 IT8 级 (2) 形位公差等级达 IT8 级 (3) 表面粗糙度达 *Ra*3.2μm	1. 曲面铣削的基本知识 2. 球头刀具的切削特点
	(四) 孔类加工	能够运用数控加工程序进行孔加工,并达到如下要求: (1) 尺寸公差等级达 IT7 级 (2) 形位公差等级达 IT8 级 (3) 表面粗糙度达 *Ra*3.2μm	麻花钻、扩孔钻、丝锥、镗刀及铰刀的加工方法
	(五) 槽类加工	能够运用数控加工程序进行槽、键槽的加工,并达到如下要求: (1) 尺寸公差等级达 IT8 级 (2) 形位公差等级达 IT8 级 (3) 表面粗糙度达 *Ra*3.2μm	槽、键槽的加工方法
	(六) 精度检验	能够使用常用量具进行零件的精度检验	1. 常用量具的使用方法 2. 零件精度检验及测量方法
五、维护与故障诊断	(一) 机床日常维护	能够根据说明书完成数控铣床的定期及不定期维护保养,包括机械、电、气、液压、数控系统检查和日常保养等	1. 数控铣床说明书 2. 数控铣床日常保养方法 3. 数控铣床操作规程 4. 数控系统(进口、国产数控系统)说明书
	(二) 机床故障诊断	1. 能读懂数控系统的报警信息 2. 能发现数控铣床的一般故障	1. 数控系统的报警信息 2. 机床的故障诊断方法
	(三) 机床精度检查	能进行机床水平的检查	1. 水平仪的使用方法 2. 机床垫铁的调整方法

3.2 高级

职业功能	工作内容	技能要求	相关知识
一、加工准备	(一) 读图与绘图	1. 能读懂装配图并拆画零件图 2. 能够测绘零件 3. 能够读懂数控铣床主轴系统、进给系统的机构装配图	1. 根据装配图拆画零件图的方法 2. 零件的测绘方法 3. 数控铣床主轴与进给系统基本构造知识
	(二) 制定加工工艺	能编制二维、简单三维曲面零件的铣削加工工艺文件	复杂零件数控加工工艺的制定
	(三) 零件定位与装夹	1. 能选择和使用组合夹具和专用夹具 2. 能选择和使用专用夹具装夹异型零件 3. 能分析并计算夹具的定位误差 4. 能够设计与自制装夹辅具(如轴套、定位件等)	1. 数控铣床组合夹具和专用夹具的使用、调整方法 2. 专用夹具的使用方法 3. 夹具定位误差的分析与计算方法 4. 装夹辅具的设计与制造方法
	(四) 刀具准备	1. 能够选用专用工具(刀具和其他) 2. 能够根据难加工材料的特点,选择刀具的材料、结构和几何参数	1. 专用刀具的种类、用途、特点和刃磨方法 2. 切削难加工材料时的刀具材料和几何参数的确定方法
二、数控编程	(一) 手工编程	1. 能够编制较复杂的二维轮廓铣削程序 2. 能够根据加工要求编制二次曲面的铣削程序 3. 能够运用固定循环、子程序进行零件的加工程序编制 4. 能够进行变量编程	1. 较复杂二维节点的计算方法 2. 二次曲面几何体外轮廓节点计算 3. 固定循环和子程序的编程方法 4. 变量编程的规则和方法
	(二) 计算机辅助编程	1. 能够利用 CAD/CAM 软件进行中等复杂程度的实体造型(含曲面造型) 2. 能够生成平面轮廓、平面区域、三维曲面、曲面轮廓、曲面区域、曲线的刀具轨迹 3. 能进行刀具参数的设定 4. 能进行加工参数的设置 5. 能确定刀具的切入/切出位置与轨迹 6. 能够编辑刀具轨迹 7. 能够根据不同的数控系统生成 G 代码	1. 实体造型的方法 2. 曲面造型的方法 3. 刀具参数的设置方法 4. 刀具轨迹生成的方法 5. 各种材料切削用量的数据 6. 有关刀具切入/切出的方法,对加工质量影响的知识 7. 轨迹编辑的方法 8. 后置处理程序的设置和使用方法
	(三) 数控加工仿真	能利用数控加工仿真软件实施加工过程仿真、加工代码检查与干涉检查	数控加工仿真软件的使用方法
三、数控铣床操作	(一) 程序调试与运行	能够在机床中断加工后正确恢复加工	程序的中断与恢复加工的方法

续表

职业功能	工作内容	技能要求	相关知识
三、数控铣床操作	(二) 参数设置	能够依据零件特点设置相关参数进行加工	数控系统参数设置方法
四、零件加工	(一) 平面铣削	能够编制数控加工程序铣削平面、垂直面、斜面、阶梯面等,并达到如下要求: (1) 尺寸公差等级达 IT7 级 (2) 形位公差等级达 IT8 级 (3) 表面粗糙度达 $Ra3.2\mu m$	1. 平面铣削精度控制方法 2. 刀具端刃几何形状的选择方法
	(二) 轮廓加工	能够编制数控加工程序铣削较复杂的(如凸轮等)平面轮廓,并达到如下要求: (1) 尺寸公差等级达 IT8 级 (2) 形位公差等级达 IT8 级 (3) 表面粗糙度达 $Ra3.2\mu m$	1. 平面轮廓铣削的精度控制方法 2. 刀具侧刃几何形状的选择方法
	(三) 曲面加工	能够编制数控加工程序铣削二次曲面,并达到如下要求: (1) 尺寸公差等级达 IT8 级 (2) 形位公差等级达 IT8 级 (3) 表面粗糙度达 $Ra3.2\mu m$	1. 二次曲面的计算方法 2. 刀具影响曲面加工精度的因素以及控制方法
	(四) 孔系加工	能够编制数控加工程序对孔系进行切削加工,并达到如下要求: (1) 尺寸公差等级达 IT7 级 (2) 形位公差等级达 IT8 级 (3) 表面粗糙度达 $Ra3.2\mu m$	麻花钻、扩孔钻、丝锥、镗刀及铰刀的加工方法
	(五) 深槽加工	能够编制数控加工程序进行深槽、三维槽的加工,并达到如下要求: (1) 尺寸公差等级达 IT8 级 (2) 形位公差等级达 IT8 级 (3) 表面粗糙度达 Ra3.2μm	深槽、三维槽的加工方法
	(六) 配合件加工	能够编制数控加工程序进行配合件加工,尺寸配合公差等级达 IT8 级	1. 配合件的加工方法 2. 尺寸链换算的方法
	(七) 精度检验	1. 能够利用数控系统的功能使用百(千)分表测量零件的精度 2. 能对复杂、异形零件进行精度检验 3. 能够根据测量结果分析产生误差的原因 4. 能够通过修正刀具补偿值和修正程序来减少加工误差	1. 复杂、异形零件的精度检验方法 2. 产生加工误差的主要原因及其消除方法
五、维护与故障诊断	(一) 日常维护	能完成数控铣床的定期维护	数控铣床定期维护手册
	(二) 故障诊断	能排除数控铣床的常见机械故障	机床的常见机械故障诊断方法
	(三) 机床精度检验	能协助检验机床的各种出厂精度	机床精度的基本知识

3.3 技师

职业功能	工作内容	技能要求	相关知识
一、加工准备	（一）读图与绘图	1. 能绘制工装装配图 2. 能读懂常用数控铣床的机械原理图及装配图	1. 工装装配图的画法 2. 常用数控铣床的机械原理图及装配图的画法
	（二）制定加工工艺	1. 能编制高难度、精密、薄壁零件的数控加工工艺规程 2. 能对零件的多工种数控加工工艺进行合理性分析，并提出改进建议 3. 能够确定高速加工的工艺文件	1. 精密零件的工艺分析方法 2. 数控加工多工种工艺方案合理性的分析方法及改进措施 3. 高速加工的原理
	（三）零件定位与装夹	1. 能设计与制作高精度箱体类，叶片、螺旋桨等复杂零件的专用夹具 2. 能对现有的数控铣床夹具进行误差分析并提出改进建议	1. 专用夹具的设计与制造方法 2. 数控铣床夹具的误差分析及消减方法
	（四）刀具准备	1. 能够依据切削条件和刀具条件估算刀具的使用寿命，并设置相关参数 2. 能根据难加工材料合理选择刀具材料和切削参数 3. 能推广使用新知识、新技术、新工艺、新材料、新型刀具 4. 能进行刀具刀柄的优化使用，提高生产效率，降低成本 5. 能选择和使用适合高速切削的工具系统	1. 切削刀具的选用原则 2. 延长刀具寿命的方法 3. 刀具新材料、新技术知识 4. 刀具使用寿命的参数设定方法 5. 难切削材料的加工方法 6. 高速加工的工具系统知识
二、数控编程	（一）手工编程	能够根据零件与加工要求编制具有指导性的变量编程程序	变量编程的概念及其编制方法
	（二）计算机辅助编程	1. 能够利用计算机高级语言编制特殊曲线轮廓的铣削程序 2. 能够利用计算机 CAD/CAM 软件对复杂零件进行实体或曲线曲面造型 3. 能够编制复杂零件的三轴联动铣削程序	1. 计算机高级语言知识 2. CAD/CAM 软件的使用方法 3. 三轴联动的加工方法
	（三）数控加工仿真	能够利用数控加工仿真软件分析和优化数控加工工艺	数控加工工艺的优化方法
三、数控铣床操作	（一）程序调试与运行	能够操作立式、卧式以及高速铣床	立式、卧式以及高速铣床的操作方法
	（二）参数设置	能够针对机床现状调整数控系统相关参数	数控系统参数的调整方法

续表

职业功能	工作内容	技能要求	相关知识
四、零件加工	（一）特殊材料加工	能够进行特殊材料零件的铣削加工，并达到如下要求： （1）尺寸公差等级达 IT8 级 （2）形位公差等级达 IT8 级 （3）表面粗糙度达 $Ra3.2\mu m$	1. 特殊材料的材料学知识 2. 特殊材料零件的铣削加工方法
	（二）薄壁加工	能够进行带有薄壁的零件加工，并达到如下要求： （1）尺寸公差等级达 IT8 级 （2）形位公差等级达 IT8 级 （3）表面粗糙度达 $Ra3.2\mu m$	薄壁零件的铣削方法
	（三）曲面加工	1. 能进行三轴联动曲面的加工，并达到如下要求： （1）尺寸公差等级达 IT8 级 （2）形位公差等级达 IT8 级 （3）表面粗糙度达 $Ra3.2\mu m$ 2. 能够使用四轴以上铣床与加工中心对叶片、螺旋桨等复杂零件进行多轴铣削加工，并达到如下要求： （1）尺寸公差等级达 IT8 级 （2）形位公差等级达 IT8 级 （3）表面粗糙度达 $Ra3.2\mu m$	1. 三轴联动曲面的加工方法 2. 四轴以上铣床/加工中心的使用方法
	（四）易变形件加工	能进行易变形零件的加工，并达到如下要求： （1）尺寸公差等级达 IT8 级 （2）形位公差等级达 IT8 级 （3）表面粗糙度达 $Ra3.2\mu m$	易变形零件的加工方法
	（五）精度检验	能够进行大型、精密零件的精度检验	1. 精密量具的使用方法 2. 精密零件的精度检验方法
五、维护与故障诊断	（一）机床日常维护	能借助字典阅读数控设备的主要外文信息	数控铣床专业外文知识
	（二）机床故障诊断	能够分析和排除液压和机械故障	数控铣床常见故障诊断及排除方法
	（三）机床精度检验	能够进行机床定位精度、重复定位精度的检验	机床定位精度检验、重复定位精度检验的内容及方法
六、培训与管理	（一）操作指导	能指导本职业中级工、高级工进行实际操作	操作指导书的编制方法
	（二）理论培训	能对本职业中级工、高级工进行理论培训	培训教材的编写方法
	（三）质量管理	能在本职工作中认真贯彻各项质量标准	相关质量标准
	（四）生产管理	能协助部门领导进行生产计划、调度及人员的管理	生产管理基本知识
	（五）技术改造与创新	能够进行加工工艺、夹具、刀具的改进	数控加工工艺综合知识

3.4 高级技师

职业功能	工作内容	技能要求	相关知识
一、工艺分析与设计	（一）读图与绘图	1. 能绘制复杂工装装配图 2. 能读懂常用数控铣床的电气、液压原理图 3. 能够组织本职业中级、高级、技师进行工装协同设计	1. 复杂工装设计方法 2. 常用数控铣床电气、液压原理图的画法 3. 协同设计知识
	（二）制定加工工艺	1. 能对高难度、高精密零件的数控加工工艺方案进行合理性分析，提出改进意见并参与实施 2. 能够确定高速加工的工艺方案 3. 能够确定细微加工的工艺方案	1. 复杂、精密零件机械加工工艺的系统知识 2. 高速加工机床的知识 3. 高速加工的工艺知识 4. 细微加工的工艺知识
	（三）工艺装备	1. 能独立设计复杂夹具 2. 能在四轴和五轴数控加工中对由夹具精度引起的零件加工误差进行分析，提出改进方案，并组织实施	1. 复杂夹具的设计及使用知识 2. 复杂夹具的误差分析及消减方法 3. 多轴数控加工的方法
	（四）刀具准备	1. 能根据零件要求设计专用刀具，并提出制造方法 2. 能系统地讲授各种切削刀具的特点和使用方法	1. 专用刀具的设计与制造知识 2. 切削刀具的特点和使用方法
二、零件加工	（一）异形零件加工	能解决高难度、异形零件加工的技术问题，并制定工艺措施	高难度零件的加工方法
	（二）精度检验	能够设计专用检具，检验高难度、异形零件	检具设计知识
三、机床维护与精度检验	（一）数控铣床维护	1. 能借助字典看懂数控设备的主要外文技术资料 2. 能够针对机床运行现状合理调整数控系统相关参数	数控铣床专业外文知识
	（二）机床精度检验	能够进行机床定位精度、重复定位精度的检验	机床定位精度、重复定位精度的检验和补偿方法
	（三）数控设备网络化	能够借助网络设备和软件系统实现数控设备的网络化管理	数控设备网络接口及相关技术
四、培训与管理	（一）操作指导	能指导本职业中级、高级和技师进行实际操作	操作理论教学指导书的编写方法
	（二）理论培训	1. 能对本职业中级、高级和技师进行理论培训 2. 能系统地讲授各种切削刀具的特点和使用方法	1. 教学计划与大纲的编制方法 2. 切削刀具的特点和使用方法
	（三）质量管理	能应用全面质量管理知识，实现操作过程的质量分析与控制	质量分析与控制方法
	（四）技术改造与创新	能够组织实施技术改造和创新，并撰写相应的论文	科技论文的撰写方法

4. 比重表

4.1 理论知识

项目		中级/%	高级/%	技师/%	高级技师/%
基本要求	职业道德	5	5	5	5
	基础知识	20	20	15	15
相关知识	加工准备	15	15	25	–
	数控编程	20	20	10	–
	数控铣床操作	5	5	5	–
	零件加工	30	30	20	15
	数控铣床维护与精度检验	5	5	10	10
	培训与管理	–	–	10	15
	工艺分析与设计	–	–	–	40
合计		100	100	100	100

4.2 技能操作

项目		中级/%	高级/%	技师/%	高级技师/%
技能要求	加工准备	10	10	10	–
	数控编程	30	30	30	–
	数控铣床操作	5	5	5	–
	零件加工	50	50	45	45
	数控铣床维护与精度检验	5	5	5	10
	培训与管理	–	–	5	10
	工艺分析与设计	–	–	–	35
合计		100	100	100	100

附录Ⅱ 数控铣工常用G代码列表

G代码	组	功 能	
G00	01	定位	
G01		直线插补	
G02		圆弧插补/螺旋线插补 CW	
G03		圆弧插补/螺旋线插补 CCW	
G04	00	停刀,准确停止	
G05.1		AI 先行控制	
G08		先行控制	
G09		准确停止	
G10		可编程数据输入	
G11		可编程数据输入方式取消	
G15	17	极坐标指令取消	
G16		极坐标指令	
G17	02	选择 *XOY* 平面	*X*;*X* 轴或其平行轴 *Y*;*Y* 轴或其平行轴 *Z*;*Z* 轴或其平行轴
G18		选择 *ZOX* 平面	
G19		选择 *YOZ* 平面	
G20	06	英寸输入	
G21		毫米输入	
G22	04	存储行程检测功能有效	
G23		存储行程检测功能无效	
G27	00	返回参考点检测	
G28		返回参考点	
G29		从参考点返回	
G30		返回第 2,3,4 参考点	
G31		跳转功能	
G33	01	螺纹切削	

续表

G 代码	组	功　能
G37	00	自动刀具长度测量
G39		拐角偏置圆弧插补
G40	07	刀具半径补偿取消
G41		左侧刀具半径补偿
G42		右侧刀具半径补偿
G43	08	正向刀具长度补偿
G44		负向刀具长度补偿
G45	00	刀具偏置值增加
G46		刀具偏置值减小
G47		2 倍刀具偏置值(增)
G48		2 倍刀具偏置值(减)
G49	08	刀具长度补偿取消
G50	11	比例缩放取消
G51		比例缩放有效
G50. 1	22	可编程镜像取消
G51. 1		可编程镜像有效
G52	00	局部坐标系设定
G53		选择机床坐标系
G54	14	选择工件坐标系 1
G54. 1		选择附加工件坐标系
G55		选择工件坐标系 2
G56		选择工件坐标系 3
G57		选择工件坐标系 4
G58		选择工件坐标系 5
G59		选择工件坐标系 6
G60	00/01	单方向定位
G61	15	准确停止方式
G62		自动拐角倍率
G63		攻丝方式
G64		切削方式
G65	00	宏程序调用
G66	12	宏程序模态调用
G67		宏程序模态调用取消

续表

G代码	组	功　能
G68	16	坐标旋转
G69		坐标旋转取消
G73	09	排屑钻孔循环
G74		左旋攻丝循环
G76		精镗循环
G80		固定循环取消/外部操作功能取消
G81		钻孔循环、锪镗循环或外部操作功能
G82	09	钻孔循环或反镗循环
G83		排屑钻孔循环
G84		攻丝循环
G85		镗孔循环
G86		镗孔循环
G87		背镗循环
G88		镗孔循环
G89		镗孔循环
G90	03	绝对值编程
G91		增量值编程
G92	00	设定工件坐标系或最大主轴速度箝制
G92.1		工件坐标系预置
G94	05	每分钟进给量
G95		每转进给量
G96	13	恒表面速度控制
G97		恒表面速度控制取消
G98	10	固定循环返回到初始点
G99		固定循环返回到 R 点